ITINERARIO FORMATIVO DE RESIDENTES DE APARATO DIGESTIVO.

HOSPITAL JUAN RAMÓN JIMÉNEZ HUELVA

ITINERARIO FORMATIVO DE RESIDENTES DE APARATO DIGESTIVO.

HOSPITAL JUAN RAMÓN JIMÉNEZ HUELVA

Fernando Manuel Jiménez Macías

Médico adjunto Aparato Digestivo

Hospital Juan Ramón Jiménez
(Huelva)

Lulu.com
2014

Título original: Itinerario formativo de residentes de Aparato Digestivo.
Hospital Juan Ramón Jiménez.

Copyright © 2014 by Fernando Manuel Jiménez Macías

All rights reserved. This book or any portion thereof may not be reproduced or used in any manner whatsoever without the express written permission of the publisher except for the use of brief quotations in a book review or scholarly journal.

First Printing: Diciembre 2014

Colaboran:

Área Hospitalaria Juan Ramón Jiménez
Servicio Andaluz de Salud

ISBN: 978-1-326-13267-5

Lulu.com
Huelva, Andalucia, España (Spain)

ferjimenez2@gmail.com

Dedicatoria

A todos aquellos que me apoyaron
y me animaron a llegar a ser lo que soy.

A mi mujer, que me dio los dos hijos
tan lindos que tengo
y llenarme de ilusión cada día.

A mis queridos padres, a los que estaré eternamente
agradecido y les debo todo lo que hoy en día soy.

Contenido

Agradecimientos xi

Prefacio.. xv

Introducción 1

Guía o Itinerario formativo de residentes de Aparato Digestivo. Hospital Juan Ramón Jiménez (Huelva)....... 3

Apendice: 86

Notas.. 96

Referencias... 98

Agradecimientos

Muchas gracias al jefe de mi unidad Dr. Manuel Ramos Lora, como director de la Unidad de Gestión Clínica de Aparato Digestivo de mi hospital, que fue la persona que confió en mí, al considerarme la persona idónea para asumir el cargo de tutor de residentes de mi especialidad en mi centro, del que soy tutor clinico desde Enero del 2013, así como al Jefe de Estudios, Dr. Antonio Pereira y Milagros que me asesoran a diario en el quehacer docente y permitirme la posibilidad de formarme como auditor de calidad docente de la Consejería de Salud. Por supuesto, no puedo olvidarme del compañero y amigo el Dr. Bosco Barón, medico especialista en Medicina Interna y uno de los tutores clínicos de los residentes de dicha especialidad, que me ha ayudado en la elaboración de este manuscrito.

Prefacio

Un documento, como éste, es fundamental para cualquier residente de Aparato Digestivo que después de haber luchado duramente para conseguir una plaza de medico residente de Aparato Digestivo en un hospital, necesita una guía formative o itinerario que te permita situarte en lo que será tu día a día en el centro donde cogiste plaza para formarte.

Es un documento muy completo, en el que el residente puede encontrar todo lo que necesita saber en cuanto a orientación, recomendaciones, documentación, legislación para organizarte durante al menos los primeros meses de residencia. Es un documento ajustado a nuestro centro. Lógicamente varía de un centro a otro

Dr. Fernando M. Jiménez Macías

Introducción

Bueno, acabas de terminar ese duro periodo de tanto estudiar, de ponerte al día en el conocimiento de todas las patologías médicas, tienes un amplio y profundo conocimiento teórico. Si ese periodo ha sido duro, y es algo de lo que te debes sentir muy orgulloso y contento o contenta de haberlo conseguido, no debes olvidar que ahora viene un periodo de tu vida superimportante, pues vas a empezar a dar forma práctica todo aquello que has aprendido, primero de forma global, rotando por medicina interna y por el servicio de urgencias y posteriormente adentrándote cada vez más en el Departamento que has tenido la suerte de coger. En nuestro caso, la especialidad de Aparato Digestivo por la vía MIR.

Es un periodo que va a ser muy importante en tu vida, pues va a condicionar el resto de tu carrera professional. Aprobechalo al máximo, pues como siempre nos dicen cuando hacemos la residencia, ya nunca volverá, por lo que debes sacarle el máximo partido a esta parte de tu vida professional. Estudia, aprende de los demás, sé una esponja que te permita coger todo lo bueno que te puedan enseñar.

Por eso, te animo como tu tutor de Aparato Digestivo a que tomes esta nueva fase de tu vida con mucha ilusión, con la humildad suficiente y tener tus sentidos abiertos a formarte de la mejor forma posible, unido de tus compañeros, jefe de estudios y residentes más antiguos, que probablemente te transmitirán lo vivido por ello con nuevos consejos.

No olvides que no estás solo para asumir los retos y que puedes y debes apoyarte en todos los compañeros, que harán todo lo posible para que termines tu formación de la mejor forma

Dr. Fernando M. Jiménez Macías

Cómo preparar tu tesis doctoral. 2ª Parte

Guía o itinerario formativo de Residente de Aparato Digestivo

A continuación vamos a exponer la guía o itinerario formativo para residentes que inicien la residencia en la especialidad de Aparato Digestivo en el Hospital Juan Ramón Jiménez, ajustándonos a las condiciones y recursos disponibles en nuestro centro.

	GUIA O ITINERARIO FORMATIVO DE RESIDENTES DE APARATO DIGESTIVO. COMPLEJO HOSPITALARIO HUELVA	Anexo 7.
EDICIÓN : 1		FECHA ELABORACIÓN: DICIEMBRE 2014

GUÍA FORMATIVA DE RESIDENTES DE APARATO DIGESTIVO

Unidad Docente de Aparato Digestivo
Jefatura de Unidad Docente Dr. Ramos Lora
Tutor: F.M. Jiménez Macías
Centro asistencial: Complejo Hospitalario de Huelva
Aprobado en Comisión de docencia con fecha Diciembre 2014

	GUIA O ITINERARIO FORMATIVO DE RESIDENTES	Anexo 7
EDICIÓN : 1		FECHA ELABORACIÓN:

GUÍA/ITINERARIO FORMATIVO TIPO PLAN FORMATIVO ADAPTADO Y PLAN DE ACOGIDA
RESIDENTE APARATO DIGESTIVO

UNIDAD DOCENTE ACREDITADA DE APARATO DIGESTIVO

ÁREA HOSPITALARIA JUAN RAMÓN JIMÉNEZ

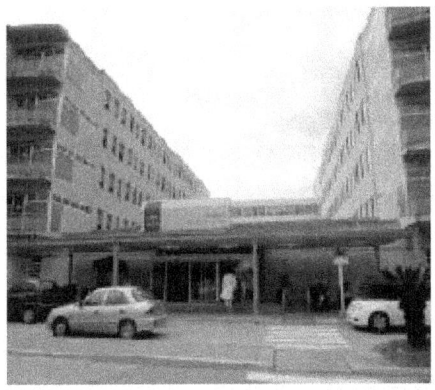

GUÍA/ITINERARIO FORMATIVO TIPO PLAN FORMATIVO ADAPTADO Y PLAN DE ACOGIDA
DEL RESIDENTE DE APARATO DIGESTIVO

	GUIA O ITINERARIO FORMATIVO DE RESIDENTES	Anexo 7
EDICIÓN : 1		FECHA ELABORACIÓN:

ÍNDICE

	Pág.
1. BIENVENIDA	4
2. Unidad Docente de Aparato Digestivo	6
2.1. Estructura física	6
2.2. Organización jerárquica y funcional	6
2.3. Cartera de Servicios	10
2.4. Otros	13
3. PROGRAMA FORMATIVO OFICIAL DEL ESPECIALISTA EN APARATO DIGESTIVO	14
4. GUÍA O ITINERARIO FORMATIVO DEL RESIDENTE DE APARATO DIGESTIVO	57
4.1. Competencias generales a adquirir durante la formación	57
4.2. Plan de rotaciones	57
4.3. Competencias específicas por rotación	59
4.4. Rotaciones Externas recomendadas	
5. GUARDIAS: Protocolo de supervisión de la unidad	72
6. SESIONES	74
7. OBJETIVOS DE INVESTIGACIÓN/TRABAJOS DE CAMPO	75
8. EVALUACIÓN	77
8.1. FORMATIVA: HOJA DE ENTREVISTA ESTRUCTURADA TUTOR-RESIDENTE	82
8.2. HOJAS DE EVALUACIÓN POR ROTACIÓN	84
8.3. HOJA DE EVALUACIÓN FINAL	86
9. BIBLIOGRAFIA RECOMENDADA dentro de cada rotación	88
10. PLANTILLA PLAN INDIVIDUALIZADO DE FORMACIÓN	89
11. OTROS	92

	GUIA O ITINERARIO FORMATIVO DE RESIDENTES	Anexo 7
EDICIÓN : 1		FECHA ELABORACIÓN:

- **BIENVENIDA**
- Con este documento queremos, de entrada, darte la bienvenida al Servicio de Aparato Digestivo del Hospital Juan Ramón Jiménez, constituido desde hace varios años en Unidad de Gestión Clínica.
- Comienzas un periodo nuevo, que te dejara para siempre una honda huella y que
- marcara de forma indeleble tu futuro profesional y me atrevería a decir que humano. Nos gustaría que en estos años compartamos los valores que guían nuestro quehacer diario: los valores del profesionalismo, las buenas prácticas clínicas, la búsqueda de la eficiencia y de la calidad asistencial. Y también valores que deben formar parte de nuestra actividad profesional a lo largo de nuestra vida: la valoración del esfuerzo y el trabajo bien hecho, el amor por el estudio, compartir el conocimiento, respetar a los compañeros.
- En estos cuatro años, que se te harán cortos, además del aprendizaje de las competencias clínicas que te permitirán desarrollar tu actividad profesional, tendrás que iniciarte en áreas de conocimiento imprescindibles como son la Bioética, la metodología de la investigación, la comunicación y la organización del Sistema sanitario Público andaluz.
- Pero la base fundamental de vuestra formación estará basada en el principio del aprender-haciendo y para ello la actividad asistencial programada, las guardias, las sesiones clínicas y presentación de casos clínicos constituirán los elementos esenciales en la adquisición de las competencias clínicas. Para ello contaréis, siempre, con la tutela de los residentes mayores y de los médicos especialistas de vuestro servicio y de las diferentes unidades y servicios en los que rotéis. Ellos serán vuestros auténticos maestros.
- Y en el centro de todo ello los pacientes, los protagonistas de nuestra actividad con los que aplicaremos las normas éticas recogidas en el Nuevo Código Deontológico de la profesión Medica, las normas que

	GUIA O ITINERARIO FORMATIVO DE RESIDENTES	Anexo 7
EDICIÓN : 1		FECHA ELABORACIÓN:

establece la Ley de Autonomía del Paciente y los principios de justicia social, beneficencia y autonomía del paciente.

- En esta Guía Formativa encontraréis los aspectos de mayor interés y relevancia que os ayudaran en los años de vuestra formación.

Dr. Manuel Ramos
Director UGC Ap. Digestivo

Dr. Fernando M. Jiménez
Tutor UGC Aparato Digestivo

	GUIA O ITINERARIO FORMATIVO DE RESIDENTES	Anexo 7
EDICIÓN : 1		FECHA ELABORACIÓN:

LA UNIDAD DOCENTE DE APARATO DIGESTIVO

Estructura física

- Los despachos de Dirección Gerencia y Dirección Médica los tienes localizados en la planta baja del hospital Juan Ramón Jiménez. También en la planta baja tienes localizadas los departamentos de personal y la Unidad de Atención al Profesional, donde podrás aclarar muchas de tus dudas durante estos primeros años de formación y solicitar la firma digital, muy útil para acceder a la Biblioteca Virtual del Sistema Sanitario Público Andaluz (accediendo a la página web del SAS).

- El Sala de Reuniones donde tendrán lugar la mayoría de las sesiones docentes y clínicas del servicio tendrán lugar en la planta 1ª del hospital Juan Ramón Jiménez. Deberás acudir puntualmente todas las mañanas, cuando estés en rotaciones relacionadas directamente con nuestra especialidad a las 8:30 horas. En ella, podrás estar al día de novedades del servicio, sesiones clínicas y modificaciones organizativas que te puedan afectar. Es un lugar ideal donde podrás localizar a tu tutor para comentar incidencias durante tu residencia.

Organización jerárquica y funcional

- El Jefe de la Unidad Docente de Aparato Digestivo es el Dr. Manuel Ramos, como responsable principal de tu docencia. El tutor de la Unidad Docente de Aparato Digestivo es el Dr. Fernando M. Jiménez, con el que tendrás reuniones mensuales para comentar y conocer tu evolución en horario de tarde, generalmente después del almuerzo. Tendrás que realizar entrevistas trimestrales con tu tutor, que deberán quedar registradas en el portal eir, que es una página web diseñada para registrar toda tu actividad docente, asistencial e investigadora, que después tu tutor tendrá que validar para que sea reconocida como tal en tu libro de residente.

F.M. Jiménez

	GUIA O ITINERARIO FORMATIVO DE RESIDENTES	Anexo 7
EDICIÓN : 1		FECHA ELABORACIÓN:

- Contamos con una consulta de Aparato Digestivo, localizada en la 2ª planta del hospital Juan Ramón Jiménez. Se trata de una consulta monográfica para patología hepática (lunes, Dra. Maraver y Dr. Jiménez), consulta monográfica de cáncer y poliposis colónica (martes, Dres. Osuna o Cabanillas), consulta general de Aparato Digestivo (Dra. Maraver, Jiménez o Ramos), que puede variar de día (miércoles, jueves o viernes, generalmente 2 días en semana).

- Tu formación endoscopia digestiva, ecografía abdominal, biopsias hepáticas, urgencias endoscópicas, terapeútica endoscópica de nivel II y III (avanzada) tendrá lugar en las consultas de Endoscopia Digestiva, localizada en la 2ª planta del Hospital Juan Ramón Jiménez.

- La consulta 1 de endoscopia (Dr. Pallarés, González, Jiménez) se encarga de hacer endoscopia digestiva de ingresados, algunos pacientes ambulatorios preferentes, urgencias endoscópicas, terapeútica endoscópica (dilataciones, EVE, LEVE, etc), CPRE (miércoles y algunos viernes, dependiendo de la carga asistencial), en las que el endoscopista baja al Servicio de Radiodiagnóstico (sala de Telemando, planta baja) para colocación de prótesis digestivas, esfinterotomías endoscópicas, dilataciones con Savary, etc), que suele realizar el Dr. Pallarés.

- Ocasionalmente surgen endoscopias en quirófano, en las que el endoscopista de la sala 1 tiene que acudir a quirófano para atender alguna urgencia o terapéutica concreta y suele ser el endoscopista de la Sala 1. También es responsable de esta consulta la realización de capsuloendoscopia (Dr. Pallarés, Dra. Nuñez), cuya lectura y su software está en el despacho de la 1ª planta del hospital de Aparato Digestivo.

- En la consulta 2 de endoscopia (Dr. González, Jiménez, Cabanillas, Benitez, Maraver, etc) se hacen exploraciones endoscópicas de pacientes ambulatorios. En esta sala no se suelen hacer urgencias endoscópicas. Por la tarde, ambas salas pueden tener citados pacientes, que serán sometidos

	GUIA O ITINERARIO FORMATIVO DE RESIDENTES	Anexo 7
EDICIÓN : 1		FECHA ELABORACIÓN:

a endoscopias digestivas. Voluntariamente, si es posible, es recomendable acudir a estas consultas, especialmente a partir del 2º año, para familiarizarte con endoscopia digestiva básica. También es recomendable, que contacte el residente con el endoscopista de la sala 1 a primera hora de la mañana para ver si puede presenciar la terapéutica endoscópica que se vaya a realizar, siempre que no le afecte negativamente al rotatorio que estes realizando en ese momento, pues de esa forma aprovecharás mejor tu formación.

- En la sala 3 de endoscopia, situada entre las consultas previamente comentadas, se pueden realizar ecografías de abdomen, punción aspirativa con aguja fina (PAAF de lesiones abdominales), o pre-biopsia hepáticas. También tendrán lugar la realización de biopsias hepáticas programadas, generalmente los miércoles y la realización de Fibroscan, siempre que dispongamos del sistema, que actualmente lo ceden los laboratorios por periodos de 15 días con una frecuencia trimestral.

- También disponemos de salas de endoscopia digestiva en el Hospital Infanta Elena, así como consulta de Aparato Digestivo ofertada a Atención Primaria en este hospital, ya anexo al Juan Ramón Jiménez, y que forma parte del Complejo Hospitalario de Huelva, y que ocasionalmente podrás rotar por allí, en caso de necesidad asistencial del servicio.

- En el Ambulatorio Virgen de la Cinta de Huelva (Centro Periférico de Especialidades), situado en el centro de Huelva, en la planta 2ª de este centro disponemos de 3 consultas de Aparato Digestivo, la consulta 4 y 6, destinadas a ofertar asistencia a Atención Primaria, y la consulta monográfica nº 5 (martes y viernes (Dres. Ramos y Jiménez, respectivamente, destinada a atender pacientes con hepatitis virales y hepatopatía crónica; mientras que los miércoles (Dres. Benítez o Vázquez); y Dr. Pallarés (jueves), atenderán las urgencias y citas programadas de

	GUIA O ITINERARIO FORMATIVO DE RESIDENTES	Anexo 7
EDICIÓN : 1		FECHA ELABORACIÓN:

pacientes con enfermedad inflamatoria intestinal (EII, colitis ulcerosa y enfermedad de Crohn).

- En cuanto a las sesiones clínicas, generalmente tendrán lugar las del servicio de Aparato Digestivo en el despacho clínico de la 1ª planta. El residente tendrá que acudir también a las sesiones multidisciplinaria con Cirugía de Colón (Coloproctología), Oncología Médica y Digestivo, todos los martes a las 8:30 horas, en el despacho situado en la 3ª planta del hospital Juan Ramón Jiménez, sesión en la que se presentarán los casos que tengan indicación de tratamiento quirúrgico y/o oncológico de pacientes diagnosticados de cáncer de colorrectal en la consulta monográfica de colon de la 2ª planta de Aparato Digestivo o de pacientes diagnosticados durante su hospitalización en Digestivo. Si fueras a presentar un caso, deberás consultar tus dudas antes de presentarlo con tu colaborador docente o tutor.

- Son obligatorias, siempre que puedas, la asistencia a la sesión multidisciplinaria que tiene lugar todos los jueves en el despacho principal de reuniones de la 3ª planta de Cirugía General. En ella, se reúnen los servicios de Aparato Digestivo, Radiodiagnóstico Intervencionista, Oncología Médica y Cirugía General, excluyendo Coloproctología. En ella podrás presentar casos de consulta o de hospitalización, que puedan tener indicación de cirugía o tratamiento por radiológica (quimioembolizaciones, cirugía de tumores de tracto digestivo alto, cirugía bilio-pancreática, drenajes por colangiografía transparietohepática por parte de radiología intervencionista, etc).

- El Hospital Juan Ramón Jiménez, inaugurado en el año 1993, es un edificio singular, horizontal y luminoso, con una planificación muy cuidada que permite una separación de al menos dos áreas de acceso y circulación: la de los familiares y visitas y la de los pacientes y profesionales sanitarios.

- Con un largo pasillo central con luz natural, el hospital está dividido en dos grandes bloques: uno anterior, con acceso desde la cara este, donde se

	GUIA O ITINERARIO FORMATIVO DE RESIDENTES	Anexo 7
EDICIÓN : 1		FECHA ELABORACIÓN:

ubica la puerta principal, que correspondería al bloque de hospitalización; y otro posterior, la cara oeste, que alberga los módulos de consultas, servicios especiales (pediatría, UCIs), quirófanos, paritorios y servicios de apoyo al diagnóstico (radiología y laboratorios) con dos accesos bien diferenciados (una puerta de consultas externas-radiología y la puerta de urgencias).

Cartera de Servicios

Nuestra UGC, según se reconoce en su misión, desarrolla actividades en la clásica triada de asistencia, docencia e investigación, además de las propias de control interno y de mejora continua de la calidad, como organización que aspira a la excelencia.

A estas actividades se dedican, en mayor o menor medida, todos y cada uno de los profesionales que integran la UGC; se desarrollan en todos los ámbitos y espacios de nuestra UGC, y deben entenderse como aspectos complementarios e interconectados del trabajo diario.

A la **Actividad Asistencial** dedicamos la mayor parte de nuestros esfuerzos y recursos, tanto materiales como humanos, en las áreas de hospitalización, consultas externas y hospital de día, y en las actividades de hospitalización domiciliaria (de cuidados paliativos), interconsultoría con otros servicios y UGC, atención a las urgencias y jornadas de continuidad asistencial.

La **Actividad Docente** de la UGC se desarrolla en una doble vertiente: en una interna, orientada al proceso de formación continuada, desarrollo profesional y capacitación de los propios profesionales (a través de sesiones clínicas, revisión de protocolos y guías clínicas, cursos y talleres específicos, etc.); y otra externa, centrada en la formación de los futuros profesionales y especialistas sanitarios.

La **Actividad Investigadora** (y en general de Gestión del Conocimiento), fundamentalmente de tipo clínico y epidemiológico, se incardina con la actividad asistencial, y se diversifica en la evaluación y desarrollo de nuevos o mejores procedimientos diagnósticos, instrumentos pronósticos o estrategias

	GUIA O ITINERARIO FORMATIVO DE RESIDENTES	Anexo 7
EDICIÓN : 1		FECHA ELABORACIÓN:

terapéuticas en aquellas patologías más prevalentes en nuestra casuística (paciente cirrótico y sus descompensaciones, pancreatitis agudas, cólico biliar y sus complicaciones, neoplasias digestivas, hemorragia digestiva y anemia crónica. etc.), con más lagunas de conocimiento o mayores márgenes de eficiencia clínica.

Por último, la **Actividad de Control Interno y Mejora Continua de la Calidad** debe presidir todas nuestras demás actuaciones, tanto a nivel individual como de los diferentes colectivos profesionales y unidades funcionales dentro de la UGC, y no debe identificarse con una actividad a desarrollar solo por el director de la UGC, el responsable de calidad o por la Comisión de Dirección. Entre las actuaciones encuadrables dentro de esta actividad destacan:

- Las actuaciones dirigidas a aumentar la seguridad de los pacientes.
- La participación en Grupos de Trabajo y Comisiones Clínicas.
- Las autoauditorías clínicas y de cuidados.
- Las actividades de prevención de riesgos laborales.
- Las sesiones y trabajos de implementación de GPC y protocolos asistenciales.
- Las sesiones de análisis de reclamaciones y sugerencias.
- Las actividades de acreditación externa de:
    - Profesionales sanitarios.
    - Actividades formativas impar.

C. CARTERA DE SERVICIOS DOCENTE E INVESTIGADORA DE LA UGC.

C. 1. Cartera Docente de la UGC.

La UGC de Aparato Digestivo aporta docencia de tres tipos:

a) **Docencia Postgrado:** La administrada a Residentes.

b) **Docencia tipo Formación Continuada:** Es la que recibe el staff de la unidad.

La Docencia Postgrado comprende:

	GUIA O ITINERARIO FORMATIVO DE RESIDENTES	Anexo 7
EDICIÓN : 1		FECHA ELABORACIÓN:

1. Formación continuada del residente
2. Sesiones Clínicas
3. Sesiones de Actualización de Guías, Protocolos, etc.
4. Sesiones Bibliográficas
5. Cursos PCCIR para residentes
6. Cursos y Talleres impartidos por el Hospital
7. Cursos y Talleres impartidos por otros Organismos oficiales: EASP, IAVANTE, etc.
8. Escuelas de Verano de la SEMI
9. Asistencia a Reuniones y Congresos
10. Cursos on-line

C. 2. Cartera de Investigación de la UGC.

Existen en nuestra Unidad Docente, 2 líneas de investigación bien definidas, en las que podrás participar: línea de hepatitis virales (Dres. Jiménez, Ramos y Maraver) y línea de investigación sobre enfermedad inflamatoria intestinal (Dres. Benitez, Vázquez y Pallarés).

Se han establecido planes de formación que contemplan la realización de cursos en metodología de la investigación impartes miembros de la Unidad de Medicina Interna (1ª y 2ª edición del Master en Metodología de la Investigación en Ciencias de la Salud" de la Universidad de Huelva y cursos del Doctorado).

Recursos Humanos.

La plantilla de la UGC la integran 11 Facultativos Especialistas (FEAs) en Aparato Digestivo (Dres. M. Ramos, Pallarés, Cabanillas, Benitez, Jiménez, Vázquez, Gómez, Maraver, Osuna, Nuñez, González, de ellos 1 con el grado de Doctor (Dr. Pallarés).

	GUIA O ITINERARIO FORMATIVO DE RESIDENTES	Anexo 7
EDICIÓN : 1		FECHA ELABORACIÓN:

Acaba de finalizar su residencia en Mayo del 2014, el último residente de Aparato Digestivo que estaba rotando. La planta de Digestivo tiene 2 alas de Patología Digestiva (3.1 y 3.2), y tiene generalmente pacientes ectópicos en otras alas del hospital Juan Ramón Jiménez, en régimen de hospitalización.

Otros

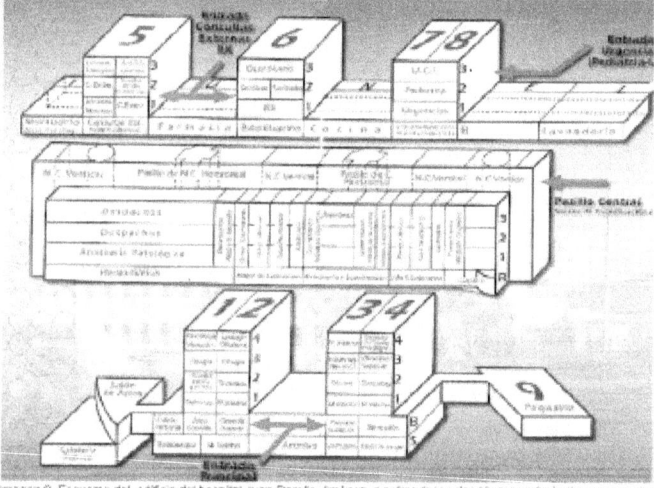

- Imagen 2. Esquema del edificio del hospital Juan Ramón Jiménez, mostrando los dos bloques principales, conectados por el pasillo central, donde se ubican los despachos y áreas de apoyo administrativo.

	GUIA O ITINERARIO FORMATIVO DE RESIDENTES	Anexo 7
EDICIÓN : 1		FECHA ELABORACIÓN:

PROGRAMA FORMATIVO OFICIAL DEL ESPECIALISTA EN

La aplicación de la Normativa del BOE 258 de 26 de octubre de 2009 por la que se aprueba y publica el programa formativo de la especialidad de Aparato Digestivo, será aplicable a los nuevos residentes de Aparato Digestivo que inicien la especialidad a partir del año 2010, los anteriores se regirán por los planes de formación previos.

1. Denominación oficial de la especialidad y requisitos de titulación

Aparato Digestivo.

Duración: 4 años.

Estudios previos: Licenciado/Grado en Medicina

2. Introducción

Las Enfermedades relacionadas con el aparato digestivo tienen gran importancia en el ámbito de la medicina ya que su nivel de prevalencia general representa, aproximadamente, el 20% de los pacientes ingresados en los hospitales de nuestro país.

La Especialidad del Aparato Digestivo es compleja por el gran número de órganos que incluye (esófago, estómago, intestino delgado, intestino grueso, área recto-anal, páncreas, hígado, vías biliares y peritoneo), existiendo enfermedades específicas de cada uno de estos órganos entre las que cabe citar, cáncer colorrectal, cáncer de hígado, enfermedad péptica, síndrome de intestino irritable, litiasis biliar y sus complicaciones, pancreatitis aguda, hepatitis aguda, hepatitis crónica, cirrosis hepática, enfermedad inflamatoria intestinal, enfermedad diverticular del colon, apendicitis aguda y patología específica rectal.

	GUIA O ITINERARIO FORMATIVO DE RESIDENTES	Anexo 7
EDICIÓN : 1		FECHA ELABORACIÓN:

El tratamiento de muchas enfermedades digestivas es en parte quirúrgico, por lo que la formación de este especialista debe incluir no sólo el conocimiento de la fisiopatología, diagnóstico, pronóstico, prevención y tratamiento de las enfermedades digestivas, sino también del momento en que esta indicado el tratamiento quirúrgico, como ocurre en la indicación del trasplante hepático en los pacientes con insuficiencia hepática aguda grave, en la cirrosis hepática, en la enfermedad inflamatoria intestinal, etc.

Los avances científicos en el ámbito de las Enfermedades del Aparato Digestivo han sido de tal magnitud que en el momento actual existen grandes áreas de la misma que en un futuro próximo podrían transformarán en subespecialidades ó áreas de capacitación específica.

Así ocurre en primer término con la Hepatología cuya complejidad se pone de manifiesto en el tratamiento de los pacientes con insuficiencia hepática aguda o crónica, en el manejo de pacientes con hemorragia digestiva por hipertensión portal, en el diagnóstico, prevención y tratamiento del cáncer de hígado, en el uso de antivirales en la infección crónica por los virus de la hepatitis B y C y, sobre todo, en el manejo de los pacientes sometidos a trasplante hepático en el periodo preoperatorio y postoperatorio inmediato y a largo plazo. El gran potencial de la Hepatología ha determinado que en países como Reino Unido y Estados Unidos de Norteamérica, tenga la consideración de una subespecialidad médica dentro de la especialidad del Aparato Digestivo.

La Endoscopia Digestiva es otra área que ha adquirido un gran desarrollo de la especialidad, existiendo gran variedad de procedimientos endoscópicos diagnósticos y terapéuticos que son imposibles de abordar en toda su extensión durante el período de formación general del especialista del Aparato Digestivo. Por ello, la mayoría de sociedades internacionales de enfermedades digestivas apuestan por el desarrollo de la endoscopia de alta

	GUIA O ITINERARIO FORMATIVO DE RESIDENTES	Anexo 7
EDICIÓN : 1		FECHA ELABORACIÓN:

complejidad como subespecialidad, sin perjuicio de la estrecha relación que deben tener dichas técnicas con el resto de las exploraciones digestivas de imagen como son la ecografía digestiva y la ecoendoscopia.

Así mismo, el desarrollo teórico y práctico de otras áreas, como la Oncología Digestiva, la Enfermedad Inflamatoria Intestinal, o las enfermedades de la vía biliar y el páncreas están alcanzando una gran complejidad teórica y práctica, que hacen prever que en un futuro próximo, se desarrollen como subespecialidades/áreas de capacitación específica.

La Investigación en enfermedades del aparato digestivo requiere conocimientos profundos de otras disciplinas como inmunología, virología, biología celular, genética, oncología, metabolismo, fisiología cardio-circulatoria y renal y neurofisiología. La importancia del trabajo conjunto con otros titulados y especialistas en ciencias de la salud (biólogos, farmacéuticos, bioingenieros, bioquímicos, genetistas, bioestadísticos) como profesionales de la investigación médica, determina que el futuro desarrollo de la especialidad del Aparato Digestivo se inserte en el marco de los principios de trabajo inter y multidisciplinar de los equipos profesionales en la atención sanitaria que consagra la Ley 44/2003, de 21 de noviembre, de ordenación de las profesiones sanitarias.

En cuanto a la práctica clínica, la especialidad de Aparato Digestivo se desarrolla en todos y cada uno de los procesos asistenciales que conforman su cuerpo de conocimiento y campo de acción. Para optimizar los objetivos asistenciales se requiere una adecuada integración de los procesos y subprocesos, lo que exige que en la medida de lo posible el especialista o los equipos de especialidad posean los conocimientos, habilidades y recursos necesarios para resolver de manera autónoma y autosuficiente los problemas planteados en el ejercicio de su tarea.

	GUIA O ITINERARIO FORMATIVO DE RESIDENTES	Anexo 7
EDICIÓN : 1		FECHA ELABORACIÓN:

Todo proceso asistencial se caracteriza en su dinámica interna por una sucesión de decisiones diagnósticas y terapéuticas ligadas a razonamiento clínico que a su vez requieren de la información y resultados de los diversos procedimientos técnicos ligados a la práctica de la especialidad. Los inputs de este proceso interno son los recursos, los conocimientos y las habilidades, tanto en la vertiente organizativa como en la estrictamente clínica que incluye los procesos preventivos.

Los procedimientos técnicos, sean diagnósticos, terapéuticos, de utilidad pronostica, ligados a actividad preventiva o mixtos, son pues elementos que no pueden ser considerados aisladamente dentro de los procesos integrados. La esencia de la formación del médico especialista, al menos en su etapa general que es la que contempla este programa, debe dirigirse a la adquisición de conocimientos y habilidades y actitudes, así como al entrenamiento práctico en situaciones que garanticen precisamente una actividad integrada del profesional.

La actividad clínica de la especialidad de aparato digestivo se organiza en torno a una estructura que debe garantizar la continuidad y optimización de los procesos asistenciales. En líneas generales puede hablarse de áreas de atención clínica y áreas técnicas. En las primeras se establece la relación clínica y los cuidados con y para los pacientes. En las segundas se ordenan los diferentes procedimientos diagnóstico-terapéuticos. Los procesos son el nexo de unión de estas dos áreas, de forma que incluso llegan a fusionarse funcionalmente en procesos de alta resolución o de gran complejidad.

El propósito del programa de la especialidad del Aparato Digestivo es el de formar médicos que, al final de su periodo de residencia, posean los niveles de competencia necesarios para el ejercicio de la especialidad y sean capaces de actualizar sus conocimientos mediante el desarrollo continuado de su

	GUIA O ITINERARIO FORMATIVO DE RESIDENTES	Anexo 7
EDICIÓN : 1		FECHA ELABORACIÓN:

formación. Asimismo, se persigue que las competencias adquiridas, les permitan incorporarse a ámbitos de formación más especializada con plena capacitación.

Los importantes cambios producidos en las áreas teórico/prácticas relacionadas con las enfermedades digestivas justifican el presente programa formativo que así mismo pretende sentar las bases para la futura integración del especialista en Aparato Digestivo en las líneas marcadas por la LOPS en cuanto a troncalidad y áreas de capacitación específica.

3. Perfil profesional del Especialista del Aparato Digestivo

El Especialista del Aparato Digestivo debe tener los conocimientos, habilidades y actitudes necesarios para orientar clínicamente el diagnóstico de los pacientes con enfermedades digestivas, aplicar las pruebas complementarias más apropiadas siguiendo criterios de coste/beneficio que contribuyan a realizar este diagnóstico, determinar el pronóstico y recomendar la terapéutica más apropiada, lo que implica:

a) Tener una sólida formación en medicina interna y amplios conocimientos sobre fisiopatología, clínica, prevención y tratamiento de las enfermedades digestivas así como de sus indicaciones quirúrgicas.

b) Dominar las técnicas relacionadas con la especialidad, principalmente la endoscopia y ecografía digestiva diagnóstica y terapéutica, debiendo conocer así mismo en profundidad, la interpretación de las técnicas de imagen.

c) Tener una amplia experiencia clínica a través del contacto directo con pacientes en el hospital y la consulta externa a fin ser un experto en las diferentes fases del curso evolutivo de las enfermedades digestivas.

d) Conocer y saber aplicar conceptos relacionados con la medicina preventiva, salud pública, epidemiología clínica, bioética y economía sanitaria, así como

	GUIA O ITINERARIO FORMATIVO DE RESIDENTES	Anexo 7
EDICIÓN : 1		FECHA ELABORACIÓN:

conocimientos sobre investigación clínica de forma que éste especialista tenga una mentalidad crítica en el análisis de la bibliografía médica.

4. Definición de la especialidad

La especialidad de Aparato Digestivo se ocupa de las enfermedades del tubo digestivo (esófago, estómago, intestino y zona ano-rectal), hígado, vías biliares, páncreas y peritoneo y concretamente, de su etiología, epidemiología, fisiopatología, semiología, diagnóstico, pronóstico, prevención y tratamiento.

Aparato Digestivo es una especialidad muy amplia, que incluye: la Gastroenterología Clínica, la Hepatología Clínica y la Endoscopia. Muchos de sus métodos diagnósticos y terapéuticos son comunes a los usados en la Medicina Interna y otras especialidades afines. No obstante, existen métodos diagnósticos y terapéuticos que son inherentes a la especialidad como la obtención de muestras de tejido mediante biopsias percutáneas o a través de procedimientos endoscópicos, la ecografía y endoscopia digestiva diagnóstica y terapéutica, la manometría y pHmetría esofágicas, la manometría rectal, la hemodinámica hepática y las pruebas de función digestiva.

5. Ámbitos de formación del especialista del aparato digestivo

Con carácter general el Sistema formativo de este programa es el de residencia en unidades docentes acreditadas para la formación de estos especialistas. Dicho sistema formativo se inscribe en el marco general de la formación en especialidades en Ciencias de la Salud diseñado en el capítulo III, del título II de la Ley 44/2003, de 21 de noviembre, de ordenación de las profesiones sanitarias (LOPS) y en sus normas de desarrollo.

El acceso a la formación, su organización, supervisión, evaluación y acreditación de unidades docentes se llevara a cabo conforme a lo previsto en

	GUIA O ITINERARIO FORMATIVO DE RESIDENTES	Anexo 7
EDICIÓN : 1		FECHA ELABORACIÓN:

el Real Decreto 183/2008, de 8 de febrero, por el que se determinan y clasifican las especialidades en Ciencias de la Salud y se desarrollan determinados aspectos de la formación sanitaria especializada.

Los ámbitos de formación del especialista en enfermedades digestivas desbordan en muchas ocasiones los límites de los servicios asistenciales del Aparato Digestivo ya que un número elevado de estos servicios carece de unidades de tratamiento de pacientes críticos o instalaciones ecográficas propias (en estos casos, los especialistas en formación deben completar su formación en otras áreas del hospital o en otros hospitales).

No obstante lo anterior, la endoscopia digestiva, la ecografía y la ecoendoscopia digestiva, así como las exploraciones funcionales y el laboratorio digestivo deben ser estructuralmente considerados de forma coordinada ya que ninguna de dichas técnicas constituye una actividad aislada dentro de la especialidad sino, en todo ligada a los procesos digestivos.

Desde este planteamiento pueden distinguirse los siguientes ámbitos en los que debe formarse el especialista en Aparato Digestivo:

5.1 Ámbito formativo vinculado a salas de hospitalización.

Es el área donde el especialista en formación entrará en contacto con los pacientes que presentan problemas diagnósticos y terapéuticos complejos.

5.2. Ámbitos formativos vinculados a exploraciones digestivas.

5.2.1 Unidad de endoscopia digestiva: La endoscopia digestiva es la exploración más relevante para el diagnóstico de las enfermedades digestivas. Se utiliza también como procedimiento de soporte a maniobras terapéuticas que requieren la visualización directa de la lesión. El especialista en formación debe adquirir conocimientos y habilidades suficientes para poder realizar la endoscopia digestiva diagnóstica y terapéutica estandar (esofagoscopia,

	GUIA O ITINERARIO FORMATIVO DE RESIDENTES	Anexo 7
EDICIÓN : 1		FECHA ELABORACIÓN:

gastroscopia, colonoscopia, tratamiento endoscópico de las varices esofágicas y de la úlcera péptica sangrante, polipectomía y tratamiento endoscópico de las hemorroides y de la fisura anal). Debe adquirir asimismo suficiente información sobre la endoscopia digestiva de alta complejidad (enteroscopia, cápsula endoscópica, colangiografía endoscópica retrógrada, papilotomía, extracción de cálculos biliares, coledoscopia, ecoendoscopia y ecografía endoanal, endomicroscopía confocal y técnicas de cromoendoscopia y magnificación).

5.2.2 Unidad de ecografía digestiva: La ecografía digestiva es una técnica de imagen de rutina, fundamental para el diagnóstico de las enfermedades digestivas. El residente debe adquirir conocimientos y habilidades suficientes para poder realizarla en su ejercicio profesional. Constituye, asimismo, un soporte de imagen fundamental para efectuar biopsias o punciones con aguja fina necesarias para el diagnóstico histológico y para procedimientos terapéuticos en las enfermedades digestivas.

5.2.3 Unidades de manometría, pHmetría y pruebas funcionales digestivas: La manometría esofágica y anal es fundamental en el diagnóstico de trastornos del aparato digestivo de gran prevalencia como la enfermedad por reflujo gastroesofágico, los trastornos motores esofágicos y trastornos relacionados con patología del suelo pélvico.

5.3 Ámbito formativo vinculado al trasplante hepático.

El trasplante hepático es un tratamiento estándar en pacientes con insuficiencia hepática aguda grave, con cirrosis hepática avanzada y con cáncer de hígado. Teniendo en cuenta la gran prevalencia de estas enfermedades el residente del Aparato Digestivo debe conocer las indicaciones y contraindicaciones de este procedimiento terapéutico.

5.4 Ámbito formativo vinculado a la unidad de cuidados intensivos y de pacientes con hemorragia digestiva:

	GUIA O ITINERARIO FORMATIVO DE RESIDENTES	Anexo 7
EDICIÓN : 1		FECHA ELABORACIÓN:

La preparación teórica y técnica del residente del Aparato Digestivo en la asistencia de pacientes críticos, así como su participación en la atención de urgencias y el conocimiento de las complicaciones quirúrgicas son de gran importancia, por la elevada incidencia de complicaciones graves tanto en enfermedades del tubo digestivo, como en las enfermedades hepáticas y pancreáticas.

Especial mención merece la formación del residente en todo lo relativo al tratamiento de la hemorragia digestiva por tratarse de una eventualidad frecuente en las enfermedades gástricas, intestinales y hepáticas, en las que el especialista del Aparato Digestivo es el responsable fundamental del diagnóstico y en muchas ocasiones del tratamiento.

5.5 Ámbito formativo vinculado a unidades de proceso:

El enfoque multidisciplinar necesario para la prevención, diagnóstico y tratamiento de algunas entidades comunes lleva a la creación de unidades de proceso. Un ejemplo es el importantísimo papel que la especialidad de Aparato Digestivo desempeña en las Unidades de Enfermedad Inflamatoria Intestinal y de Oncología Digestiva. En los Hospitales que hayan desarrollado estas unidades, u otras vinculadas a proceso multidisciplinar, éstas constituirán ámbitos formativos para el residente de la especialidad, y de otras afines.

5.6 Ámbito formativo vinculado a consultas externas hospitalarias y áreas de atención primaria:

Existen numerosas enfermedades del aparato digestivo de gran relevancia por su alta prevalencia y complejidad que son diagnosticadas y tratadas preferentemente en régimen de consulta externa o en atención primaria (hepatitis crónica viral, esteatohepatitis no alcohólica, síndrome de intestino irritable, enfermedad por reflujo, enfermedades relacionadas con Helicobacter pylori). Por otra parte, gran parte del control de pacientes con enfermedades graves (cirrosis hepática, enfermedad inflamatoria intestinal, cáncer digestivo) se efectúa en régimen ambulatorio.

	GUIA O ITINERARIO FORMATIVO DE RESIDENTES	Anexo 7
EDICIÓN : 1		FECHA ELABORACIÓN:

Por ello, es esencial que el residente del Aparato Digestivo realice su periodo formativo no solo en el hospital sino también en dispositivos de atención al paciente ambulatorio.

6. Técnicas diagnósticas y terapéuticas

6.1 Técnicas diagnósticas vinculadas a enfermedades del aparato digestivo:

Un adecuado ejercicio de la especialidad del Aparato Digestivo requiere la utilización de técnicas diagnósticas que todo especialista debe conocer, saber interpretar y, en algunos casos, ejecutar personalmente:

6.1.1 Técnicas no invasoras:

a) Radiología convencional digestiva con y sin contraste.

b) Tomografía computarizada, resonancia nuclear magnética y tomografía por emisión de positrones.

c) Procedimientos para cuantificación de fibrosis en órganos digestivos.

d) Arteriografía convencional y digital.

e) Gammagrafía de órganos digestivos.

f) Ecografía abdominal con y sin contrastes.

g) Pruebas de aliento en enfermedades digestivas.

h) Pruebas de digestión y absorción.

i) Electrogastrografía percutanea.

j) Determinación del tránsito intestinal.

k) Interpretación de la significación de los marcadores virales en las enfermedades hepáticas inducidas por virus.

6.1.2 Técnicas invasoras:

a) Paracentesis.

b) Punción biopsia y punción con aguja fina de órganos digestivos bajo control por imagen.

c) Biopsia hepática transyugular.

	GUIA O ITINERARIO FORMATIVO DE RESIDENTES	Anexo 7
EDICIÓN: 1		FECHA ELABORACIÓN:

d) Esofagoscopia, gastroscopia, enteroscopia, colonoscopia y rectoscopia.

e) Cápsula endoscópica.

f) Colangiopancreatografía retrógrada endoscópica y coledoscopia.

g) Colangiografía transparietohepática.

h) Ecoendoscopia y ecografía endoanal.

i) Endomicroscopía confocal y técnicas de cromoendoscopia y magnificación.

j) Técnicas manométricas digestivas, pHmetría e impedanzometría.

k) Sondaje duodenal.

l) Hemodinámica hepática.

6.2 Técnicas terapéuticas vinculadas a la especialidad de aparato digestivo:

El especialista del Aparato Digestivo debe conocer y, en determinados casos saber aplicar, los siguientes procedimientos terapéuticos especializados:

a) Paracentesis evacuadora.

b) Drenajes de colecciones abdominales guiadas por técnicas de imagen.

c) Tratamientos endoscópicos de los tumores digestivos y de las lesiones premalignas.

d) Técnicas endoscópicas hemostáticas primarias y secundarias.

e) Colocación de prótesis endodigestivas.

f) Dilatación de estenosis endoluminales.

g) Esfinterotomía endoscópica.

h) Ablación tumoral guiada por técnicas de imagen.

i) Embolización y Quemoembolizacion de tumores.

j) Gastrostomía endoscópica.

k) Derivación portocava intrahepática percutánea transyugular.

l) Tratamiento intraluminal de los procesos proctológicos.

m) Derivaciones biliares endoscópicas y percutáneas guiadas por técnicas de imagen.

n) Técnicas de rehabilitación del suelo pélvico.

o) Bloqueo del ganglio celíaco guiada por técnicas de imagen.

	GUIA O ITINERARIO FORMATIVO DE RESIDENTES	Anexo 7
EDICIÓN : 1		FECHA ELABORACIÓN:

7. Contenidos formativos de carácter trasversal

Es recomendable que la formación incluida en este apartado se organice por la Comisión de Docencia, para todos los residentes de las distintas especialidades, cuando esto no sea posible se organizará a través de cursos, reuniones o sesiones específicas. Se realiza según el Plan Trasversal Común (PCCEIR) establecido en nuestra Comunidad.

7.1 Metodología de la investigación.

Durante su formación el residente de Aparato Digestivo debe ser capaz de entender y aplicar los conceptos centrales del método científico incluyendo la formulación de hipótesis los errores estadísticos, el cálculo de los tamaños muestrales y los métodos estadísticos ligados al contraste de hipótesis.

El especialista en Aparato Digestivo debe adquirir los conocimientos necesarios para realizar un estudio de investigación, ya sea de tipo observacional o experimental. También debe saber evaluar críticamente la literatura científica relativa a las ciencias de la salud, siendo capaz de diseñar un estudio, realizar la labor de campo, la recogida de datos y el análisis estadístico, así como la discusión y la elaboración de conclusiones, que debe saber presentar como una comunicación o una publicación.

La formación del especialista en Aparato Digestivo como futuro investigador ha de realizarse a medida que avanza su maduración durante los años de especialización, sin menoscabo de que pueda realizar una formación adicional al finalizar su período de residencia para capacitarse en un área concreta de investigación.

7.2 Bioética.

Los residentes de Aparato Digestivo deben estar familiarizados con los principios de la bioética y la forma de deliberar sobre estos principios y sus

	GUIA O ITINERARIO FORMATIVO DE RESIDENTES	Anexo 7
EDICIÓN: 1		FECHA ELABORACIÓN:

consecuencias de manera que los valores puedan ser introducidos, junto con los hechos biológicos, en el proceso de toma de decisiones clínicas.

a) Relación médico-paciente.

Consentimiento informado.

Confidencialidad, secreto profesional y veracidad.

b) Aspectos institucionales.

Ética, deontología y comités deontológicos.

Comités éticos de investigación clínica y de ética asistencial.

7.3 Gestión clínica.

a) Aspectos generales.

Cartera de servicios.

Competencias del especialista en Aparato Digestivo.

Funciones del puesto asistencial.

Organización funcional de un servicio de Aparato Digestivo.

Equipamiento básico y recursos humanos.

Indicadores de actividad.

Recomendaciones nacionales e internacionales.

b) Gestión de la actividad asistencial.

Medida de la producción de servicios y procesos.

Sistemas de clasificación de pacientes.

Niveles de complejidad de los tratamientos y su proyección clínica.

c) Calidad.

El concepto de calidad en el ámbito de la salud.

Importancia de la coordinación.

Calidad asistencial: control y mejora.

	GUIA O ITINERARIO FORMATIVO DE RESIDENTES	Anexo 7
EDICIÓN : 1		FECHA ELABORACIÓN:

Indicadores, criterios y estándares de calidad.
La seguridad del paciente en la práctica asistencial.
Evaluación externa de los procesos en Aparato Digestivo.
Guías de práctica clínica.
Programas de garantía y control de calidad.
Evaluación económica de las técnicas sanitarias, análisis de las relaciones coste/beneficio, coste/efectividad y coste/utilidad.

7.4 Habilidades de comunicación:

Las habilidades de comunicación, con el paciente, con otros profesionales y con las instituciones y órganos directivos deben ser objeto de aprendizaje específico y continuo por considerar que son un medio necesario para conseguir una relación clínica óptima.

8. *Contenidos específicos de la especialidad del aparato digestivo: conocimientos*

Nota aclaratoria previa: la competencia profesional se define como un todo integrado por el conjunto de conocimientos, habilidades y actitudes que debe adquirir el profesional para adquirir la competencia de que se trate, por lo que solo desde el punto de vista didáctico, y con el objeto de facilitar la organización y la supervisión del aprendizaje, se han divido las competencias de éste programa en tres apartados:

Conocimientos: Lo que se debe saber (apartado 8).
Habilidades: Lo que se debe saber hacer (apartado 9).
Actitudes: Cómo se debe hacer y como se debe ser (apartado 10).

8.1 Conocimientos vinculados a la clínica y fisiopatología digestivas.

El residente de Aparato Digestivo, a través de la lectura de la literatura científica y el estudio supervisado y dirigido por su tutor debe adquirir amplios

	GUIA O ITINERARIO FORMATIVO DE RESIDENTES	Anexo 7
EDICIÓN : 1		FECHA ELABORACIÓN:

conocimientos teóricos que le sirvan de base para la toma de decisiones clínicas.

A estos efectos deberá ser capaz de:

Describir con precisión la anatomía y fisiología del aparato digestivo, incluyendo la regulación neurológica del tubo digestivo, la interacción de las diversas hormonas peptídicas y otros mensajeros químicos.

Comprender los mecanismos del dolor abdominal, la respuesta inmunitaria, el concepto de barrera intestinal frente antígenos alimentarios y bacterianos presentes en la luz intestinal.

Comprender los mecanismos de respuesta inflamatoria y los de lesión y reparación tisular.

Comprender las bases del sistema inmunitario de la mucosa digestiva.

Comprender el transporte intestinal de agua y electrolitos, regulación neuro-humoral de la secreción y absorción intestinal.

Comprender la Fisiología de la flora intestinal, la interacción flora huésped y la digestión de nutrientes.

Comprender la regulación de la proliferación celular y los mecanismos de la oncogénesis.

Adquirir un conocimiento profundo de la etiología, la patogenia, la fisiopatología, la anatomía patológica, la epidemiología y sus manifestaciones clínicas.

Saber realizar un diagnóstico, un diagnóstico diferencial, la historia natural, las complicaciones, las alternativas terapéuticas, el pronóstico, el impacto social y económico y las potenciales medidas preventivas.

Dichas capacidades deben adquirirse respecto a las entidades nosológicas y síndromes que se relacionan en el anexo I a este programa.

8.2 Conocimientos vinculados a las técnicas diagnósticas y terapéuticas.

El médico residente de Aparato Digestivo debe conocer los fundamentos, la metodología, las indicaciones, la sensibilidad, la especificidad, los riesgos, las

	GUIA O ITINERARIO FORMATIVO DE RESIDENTES	Anexo 7
EDICIÓN : 1		FECHA ELABORACIÓN:

complicaciones potenciales, el coste y la rentabilidad de los distintos procedimientos diagnósticos y terapéuticos que se citan en el apartado 6 de este programa que debe aprender a practicar con pericia.

Así mismo debe adquirir un alto nivel de competencia en los procedimientos y técnicas mencionados en el apartado 6.2. de éste programa.

8.3 Conocimientos vinculados a las materias básicas, transversales y funcionales.

8.3.1 El residente de la especialidad de Aparato Digestivo debe adquirir conocimientos básicos sobre las siguientes disciplinas:

Farmacología, inmunología, anatomía patológica, biología celular y molecular, psicología, informática médica, así como de pediatría, a fin de facilitar el adecuado diagnóstico y tratamiento de las enfermedades digestivas infantiles.

8.3.2 El residente de la especialidad de Aparato Digestivo debe adquirir conocimientos profundos sobre:

Fundamentos fisiológicos del sistema digestivo y de sus métodos de estudio, incluyendo la fisiología de la integración neuro-endocrina inducida por los alimentos. Regulación neurológica del aparato digestivo y la comunicación intercelular.

La transducción de señales, los canales iónicos y receptores ligados a enzimas.

Inmunología de la mucosa digestiva y mecanismos de inflamación.

Conocimientos sobre los mecanismos de proliferación celular, apoptosis, señalización oncógena. Biología de los procesos metastásicos.

Mecanismos moleculares de las neoplasias digestivas.

Fisiología y características del dolor abdominal. Diagnóstico diferencial y manejo terapéutico.

Nutrición y evaluación del estado nutricional. Apoyo nutricional. Trastornos de la conducta alimentaria, anorexia, bulimia, obesidad. Alergias alimentarias.

	GUIA O ITINERARIO FORMATIVO DE RESIDENTES	Anexo 7
EDICIÓN: 1		FECHA ELABORACIÓN:

Manifestaciones digestivas de enfermedades generales, reumatológicas, oncológicas, renales, neurológicas, cardiovasculares, hormonales.

Trastornos digestivos y hepáticos del embarazo.

Preparación teórica y técnica en la asistencia de pacientes críticos, así como en la atención de urgencias, debido a la elevada incidencia de complicaciones graves en enfermedades del aparato digestivo.

Conocer las complicaciones quirúrgicas y no quirúrgicas con especial mención al tratamiento de la hemorragia digestiva por su frecuencia en las enfermedades gástricas, intestinales y hepáticas.

9. *Contenidos específicos de la especialidad del aparato digestivo: habilidades*

9.1 Habilidades vinculadas a niveles de responsabilidad.

El grado de habilidad adquirido por el residente para realizar determinados actos médicos, instrumentales o quirúrgicos se clasifica en tres niveles:

Nivel 1: son actividades realizadas directamente por el residente sin necesidad de una tutorización directa. El residente ejecuta y posteriormente informa.

Nivel 2: son actividades realizadas directamente por el residente bajo la supervisión del tutor. El residente tiene un conocimiento extenso, pero no alcanza la suficiente experiencia como para hacer una técnica o un tratamiento completo de forma independiente; y

Nivel 3: son actividades realizadas por el personal sanitario del centro y/o asistidas en su ejecución por el residente.

Los niveles de responsabilidad antes citados se entienden sin perjuicio de lo previsto en el artículo 15 del Real Decreto 183/2008, de 8 de febrero, sobre la responsabilidad progresiva del residente y en concreto sobre la supervisión de presencia física de los residentes de primer año, respecto a las actividades y visado de documentos asistenciales en los que intervengan.

	GUIA O ITINERARIO FORMATIVO DE RESIDENTES	Anexo 7
EDICIÓN : 1		FECHA ELABORACIÓN:

Al término de su formación, el médico residente de Aparato Digestivo debe de mostrar un adecuado nivel de habilidad y competencia:

En la interpretación macroscópica e histopatológica de las lesiones más frecuentes del aparato digestivo, conociendo la normalidad histológica de la mucosa de todo el tubo digestivo, así como del páncreas e hígado.

En las técnicas y procedimientos de preparación de las muestras para examen histopatológico.

En el reconocimiento de los patrones característicos de la inflamación, displasias, cáncer y las características evolutivas de las enfermedades digestivas más frecuentes sabiendo establecer la correlación de los hallazgos histológicos con la clínica del paciente, así como entender las limitaciones diagnósticas de la biopsia.

Debe ser competente en las pruebas radiológicas tanto para la evaluación de las enfermedades gastrointestinales, como las bilio-pancreáticas y hepáticas, incluyendo la radiología con contraste, los ultrasonidos, la tomografía axial computerizada, la resonancia magnética y la medicina nuclear.

En la diferenciación de los defectos estructurales y las anomalías de la motilidad, adquiriendo criterios sobre el orden lógico de los estudios radiológicos teniendo en cuenta el riesgo-beneficio y coste-eficacia.

Valorar las contraindicaciones y riesgos de las técnicas invasivas, participando en las sesiones conjuntas de radiólogos, clínicos y cirujanos.

Participar en la ejecución de los procedimientos de cirugía mínimamente invasiva, incluyendo las técnicas laparoscópicas y la de radiología vascular intervencionista, como la práctica de embolización arterial, tanto en el tratamiento del sangrado digestivo o tratamiento de tumores hepáticos, estudios hemodinámicos portales, implante de shunt intrahepáticos, así como procedimientos diagnósticos y terapéuticos realizados por vía transyugular o el tratamiento de las obstrucciones de la vía biliar o del tubo digestivo.

	GUIA O ITINERARIO FORMATIVO DE RESIDENTES	Anexo 7
EDICIÓN : 1		FECHA ELABORACIÓN:

Saber aplicar en su práctica profesional los conocimientos relativos a las bases psico-sociales que afectan al paciente con trastornos digestivos, umbrales de sensación visceral.

Cambios inducidos por el stress sobre la neurobiología del sistema nervioso entérico, los aspectos sociales de la medicina, particularmente en lo que se refiere a la comunicación con pacientes, familiares y su entorno social.

Saber aplicar en su práctica profesional los conocimientos relativos a los métodos propios de la medicina preventiva y la salud pública, siendo capaz de participar en la planificación, programación y evaluación de programas de salud pública o en la evaluación de la calidad asistencial y estrategias de seguridad del paciente.

Valorar críticamente y saber usar las nuevas tecnologías y las fuentes de información clínica y biomédica para obtener, organizar, interpretar y comunicar información clínica, científica y sanitaria y para diseñar y realizar los estudios estadísticos de uso más frecuente en la medicina interpretando los resultados y sabiendo hacer un análisis crítico de la estadística y su significación clínica.

10. *Contenidos específicos de la especialidad del aparato digestivo: actitudes*

La formación integral del residente precisa que desarrolle actitudes positivas en los siguientes aspectos:

a) La sensibilidad frente a los principios éticos y legales del ejercicio profesional, para que sepa anteponer el bienestar físico, mental y social de sus pacientes a cualquier otra consideración.

b) El cuidado de la relación médico-paciente y de la asistencia completa e integrada del enfermo, aplicando en todo momento, los valores profesionales de excelencia, altruismo, sentido del deber, responsabilidad, integridad y honestidad en el ejercicio de la profesión.

	GUIA O ITINERARIO FORMATIVO DE RESIDENTES	Anexo 7
EDICIÓN : 1		FECHA ELABORACIÓN:

c) El desarrollo de una actitud crítica acerca de la eficacia y el coste de los procedimientos utilizados, de sus beneficios y de sus riesgos, sobre los que deberá informar fielmente a sus pacientes.

d) La capacidad para tomar decisiones basadas en criterios objetivos y demostrables, teniendo en cuenta la jerarquía/prestigio de los autores y los textos en los que ha basado su formación.

e) La consciencia de la necesidad de utilizar los recursos sanitarios dentro de los cauces de la buena gestión clínica.

f) La colaboración con otros especialistas y profesionales sanitarios.

g) La capacidad de autocrítica con respecto a su propia experiencia, siendo capaz de aceptar la evidencia ajena.

h) La valoración de la importancia que tienen la medicina preventiva y la educación sanitaria.

i) Demostrar interés por el autoaprendizaje y la formación continuada.

11. Rotaciones

11.1 Período de formación genérica (12 meses, computando período vacacional).

11.1.1 Primer año de residencia (12 meses, computando el período vacacional).

a) Rotación por Medicina Interna o especialidades médicas afines (UCI, Radiodiagnóstico, Cirugía, Oncología, Anatomía Patológica, Nutrición, u otras). Estas rotaciones deben distribuirse según las características propias del centro, y de acuerdo con el criterio del Tutor de Residentes. La duración mínima de cada una de estas rotaciones será de dos meses.

11.2 Período de formación específica (36 meses de duración total).

Se propone un esquema general de rotación, que en algunos aspectos puede adecuarse en cada centro (por ejemplo en el orden exacto de las rotaciones), pero al que globalmente deberá adecuarse la formación del residente.

GUIA O ITINERARIO FORMATIVO DE RESIDENTES	Anexo 7
EDICIÓN : 1	FECHA ELABORACIÓN:

11.2.1 Segundo año de residencia: clínica digestiva (sala de hospitalización, hospital de día, interconsultas hospitalarias). Se precisa una rotación mínima de doce meses.

11.2.2 Tercer año de residencia. Endoscopia, ecografía abdominal y exploraciones funcionales. Se precisa un período total de doce meses.

a) Endoscopia básica: un mínimo de seis meses.
b) Ecografía abdominal básica: un mínimo de dos meses.
c) Endoscopia avanzada, ecografía abdominal avanzada, técnicas terapéuticas, exploraciones funcionales: un mínimo de tres meses.

11.2.3 Cuarto año de residencia.

a) Consultas externas: durante el último año el residente tendrá una responsabilidad de nivel 1 en la consulta al menos durante dos meses.

b) Unidades específicas de proceso: en dependencia de las condiciones locales el residente rotará por la Unidad de Semicríticos-Sangrantes, Unidad de Trasplante Hepático, Unidad de Cáncer Digestivo, Unidad de Enfermedad Inflamatoria Intestinal o bien otras unidades de proceso. Cada rotación abarcará un período mínimo de dos meses.

Idealmente, la asistencia intra y extra-hospitalaria debe poder simultanearse, a fin de mejorar el control y el seguimiento de los pacientes.

En la medida de lo posible debe favorecerse la realización, preferentemente en los últimos años de residencia, de períodos de rotación en otros hospitales, de acuerdo con la normativa vigente y con objetivos formativos específicos.

11.3 Formación en protección radiológica.

Los residentes de la especialidad de Aparato Digestivo deberán adquirir, de conformidad con lo establecido en la legislación vigente, conocimientos básicos en protección radiológica ajustados a lo previsto en la Guía Europea «Protección Radiológica 116», en los términos que se citan en el anexo II a

	GUIA O ITINERARIO FORMATIVO DE RESIDENTES	Anexo 7
EDICIÓN : 1		FECHA ELABORACIÓN:

este programa que se ajusta a lo previsto en Resolución conjunta, de 21 de abril de 2006, de las Direcciones Generales de Salud Pública y de Recursos Humanos y Servicios Económico-Presupuestarios del Ministerio de Sanidad y Consumo, mediante la que se acuerda incorporar en determinados programas formativos de especialidades en Ciencias de la Salud, formación en protección radiológica.

11.4 Rotación por atención primaria

De conformidad con lo previsto en la Resolución de la Dirección General de Recursos Humanos y Servicios Económico Presupuestarios del Ministerio de Sanidad y Consumo, de 15 de junio de 2006, el programa formativo de la especialidad de Aparato Digestivo es uno de los afectados por dicha rotación, que deberá articularse progresivamente en los términos previstos en la misma.

12. Objetivos específicos por año de residencia

12.1 Primer año de residencia.

Durante el período de rotación por medicina interna y especialidades médicas el residente de Aparato Digestivo debe:

12.1.1 Profundizar, mediante el estudio tutelado, en el conocimiento de las enfermedades más relevantes del área de la medicina interna, particularmente en las que concurren más frecuentemente en el paciente con enfermedades digestivas.

12.1.2 Tener la oportunidad de observar y manejar directamente pacientes que padecen enfermedades muy diversas y variadas, particularmente las respiratorias, las cardio-circulatorias, las renales, las endocrinas, las neurológicas, las metabólicas, las infecciosas, las hematológicas, las oncológicas y las reumatológicas de alta prevalencia.

12.1.3 En la rotación por cirugía digestiva debe profundizar en el diagnóstico, la estadificación, la historia natural, el manejo quirúrgico y el pronóstico de las

	GUIA O ITINERARIO FORMATIVO DE RESIDENTES	Anexo 7
EDICIÓN : 1		FECHA ELABORACIÓN:

neoplasias digestivas. Asimismo, debe consolidar sus conocimientos sobre las indicaciones, las contraindicaciones y el curso postoperatorio de los procedimientos quirúrgicos habituales. También debe adquirir conocimientos y habilidades en Proctología básica (niveles 2 y 3).

12.1.4 Familiarizarse con la interpretación de las técnicas de imagen y comprender sus ventajas y sus limitaciones en general, y desarrollar habilidades y conocimientos en aspectos más detallados y complejos de la interpretación de la radiografía simple de tórax, abdomen y de la tomografía axial computarizada abdominal (niveles 1 y 2).

12.1.5 Profundizar en los aspectos relacionados con la entrevista clínica y la realización de una historia clínica y una exploración física completa y detallada, siendo capaz de identificar problemas clínicos y de planificar actitudes diagnósticas y terapéuticas encaminadas a su resolución.

12.1.6 Familiarizarse con los procedimientos diagnósticos de uso más frecuente y conocer sus indicaciones, contraindicaciones y complicaciones potenciales, sabiendo interpretar con facilidad los resultados obtenidos de dichos procedimientos.

12.1.7 Saber como debe seguirse la evolución de los pacientes y profundizar en el conocimiento de la historia natural de las enfermedades.

12.1.8 Desarrollar habilidades en la comunicación interpersonal con los pacientes, incluyendo los ancianos y sus familiares, de forma que, al final del primer año, el residente debe ser capaz de realizar informes clínicos completos. Al terminar este período, el residente debe haber atendido con tutela directa, al menos, a 300 pacientes hospitalizados. Todas las actividades, incluida la atención urgente a los pacientes, deben llevarse a cabo directamente por el residente bajo la supervisión del tutor correspondiente (niveles 2 y 3).

12.2 Segundo año de residencia.

12.2.1 Durante su período de formación en clínica digestiva debe tener el mismo nivel de responsabilidad exigido en el primer año de residencia (niveles

	GUIA O ITINERARIO FORMATIVO DE RESIDENTES	Anexo 7
EDICIÓN : 1		FECHA ELABORACIÓN:

1 y 2). Durante su período de rotación por la sala de hospitalización de Digestivo ha de tener la responsabilidad directa sobre, al menos, 150 pacientes hospitalizados que padezcan enfermedades digestivas diversas, por lo que debe formarse en:

a) El manejo general de los problemas digestivos más frecuentes, incluyendo el dolor abdominal, la diarrea, el estreñimiento, la hemorragia digestiva, la anemia, la ictericia, las nauseas y vómitos, los síntomas de reflujo gastro-esofágico, profundizando, mediante el estudio tutorizado, en el conocimiento teórico de las entidades nosológicas reseñadas en el anexo I.

b) La evaluación del riesgo operatorio de pacientes con enfermedades digestivas y el reconocimiento de las complicaciones digestivas de las enfermedades sistémicas y de los pacientes inmuno-deprimidos.

c) La identificación de los riesgos epidemiológicos de algunas enfermedades infecciosas, como las Hepatitis virales, aplicando las medidas profilácticas oportunas y desarrollando las habilidades de enseñanza y comunicación necesarias para mejorar la adherencia a los tratamientos aplicados a los pacientes.

d) La adquisición de habilidades para interpretar las técnicas de imagen aprendidas en la rotación correspondiente, especialmente en lo que se refiere a su correlación clínica.

e) El desarrollo de una capacidad adecuada para interpretar razonadamente un registro electrocardiográfico, para practicar correctamente las técnicas de resucitación vital básica y avanzada, y para llevar a cabo punciones arteriales y venosas centrales, (niveles 1 y 2).

f) Adquisición de habilidades para el manejo del paciente con ascitis y desarrollar habilidades técnicas para la realización de paracentesis diagnóstica y terapéuticas.

12.3 Tercer año de residencia.

	GUIA O ITINERARIO FORMATIVO DE RESIDENTES	Anexo 7
EDICIÓN : 1		FECHA ELABORACIÓN:

12.3.1 Técnicas instrumentales:

Iniciar el entrenamiento en endoscopia y ecografía digestivas, debiendo capacitarse al menos en las técnicas instrumentales endoscópicas básicas, como esófago-gastroduodenoscopias y colonoscopias con toma de biopsias y realización de polipectomías, con responsabilidad progresiva, llegando a comprender las indicaciones y las limitaciones de estas técnicas, así como en la ecografía digestiva diagnóstica (niveles 1 y 2).

12.3.2 Exploración funcional digestiva:

En la Unidad funcional digestiva el residente debe alcanzar a comprender con detalle la fisiología digestiva y supervisar, realizar e interpretar pH-metrías esofágicas, manometrías esofágicas y ano-rectales, técnicas de Bio-feedback, (test funcionales gástricos), estudios de absorción y digestión, test de aliento espirado.

12.3.3 Unidades Especiales de Hospitalización (Unidad de Sangrantes, Unidad de Transplantes, Unidad de Inflamatoria Intestinal, UCI Digestiva o similares): En este aprendizaje ha de emplearse un período mínimo de cuatro meses, como parte de la formación específica digestiva, con los objetivos que se señalan a continuación:

a) Adquirir experiencia en la supervisión y tratamiento de los pacientes críticos médicos y quirúrgicos (nivel 2).

b) Comprender el papel de cada uno de los miembros de un equipo multidisciplinario e interactuar adecuadamente con ellos para optimizar el cuidado del paciente (nivel 1).

c) Incrementar sus conocimientos y experiencia en el cuidado de los pacientes críticos y en el manejo de los problemas que más frecuentemente afectan a

	GUIA O ITINERARIO FORMATIVO DE RESIDENTES	Anexo 7
EDICIÓN : 1		FECHA ELABORACIÓN:

varios órganos (nivel 2).

d) Conseguir experiencia en el tratamiento de los pacientes postoperados, incluido el suporte nutricional artificial y el manejo del dolor post-operatorio (nivel 2).

e) Desarrollar conocimientos profundos en el tratamiento de los pacientes con una insuficiencia hepática, particularmente en el fallo hepático agudo (nivel 2).

f) Lograr experiencia en el manejo de los distintos procedimientos de Nutrición Artificial: Nutrición Parenteral, Nutrición Enteral, tipos de vías de acceso venoso, tipos acceso enteral (incluye Gastrostomías percutáneas) tipos de sondas enterales, modos de nutrición artificial y sus bases fisiológicas, ventajas, inconvenientes, indicaciones y contraindicaciones. (nivel 1). Ser capaz de identificar, tratar y prevenir las complicaciones de la Nutrición Artificial. (nivel 1).

g) Desarrollar conocimientos, habilidades y experiencia en el abordaje de las emergencias digestivas, particularmente en relación con la Hemorragia Digestiva, Pancreatitis aguda y Enfermedad Inflamatoria Intestinal grave (nivel 1).

h) Ser capaz de comunicarse de forma efectiva, apropiada y frecuente con los familiares del paciente, aprendiendo a proporcionar noticias y pronósticos adversos, y a explicar la inutilidad de ciertos tratamientos (nivel 1).

i) Participar activamente en los debates éticos en relación con los pacientes críticos (niveles 2 y 3).

12.3.4 Adquirir conocimientos y habilidades en hemodinámica hepática.

12.4 Cuarto año de residencia:

Los objetivos de este cuarto año son similares a los del tercero, pero con un

	GUIA O ITINERARIO FORMATIVO DE RESIDENTES	Anexo 7
EDICIÓN : 1		FECHA ELABORACIÓN:

nivel de responsabilidad mayor.

12.4.1 Técnicas instrumentales. Debe profundizarse en el conocimiento de técnicas endoscópicas como la CPRE, Eco-endoscopia, y la Enteroscopia (nivel 2) y en el uso de las distintas terapias endoscópicas (colocación de prótesis, aplicación de técnicas hemostasiantes, punciones, polipectomías, mucosectomías, etc.) con nivel 2.

12.4.2 Sala de hospitalización. Como objetivos de la rotación por la sala de hospitalización digestiva el residente debe:

a) Profundizar en los conocimientos y habilidades previstos en los apartados 8 y 9 de este programa.

b) Tener la máxima responsabilidad en el manejo de los pacientes digestivos de todos los niveles de complejidad, incluyendo los aspectos más específicos del manejo del paciente hepático como las indicaciones y el cuidado del trasplante hepático, el estudio del paciente con hipertensión portal y síndrome hepatopulmonar, el paciente sangrante, o con enfermedad inflamatoria intestinal compleja, el tratamiento con inmunosupresores o terapia biológica, el manejo de pacientes con patología biliopancreatica grave, la quimioterapia del cáncer digestivo (nivel 1).

12.4.3 Consulta externa hospitalaria: En este último año de formación el residente ha de tener responsabilidad directa (nivel 1) sobre enfermos ambulantes (recomendándose una periodicidad semanal) y con los siguientes objetivos:

a) Familiarizarse con los problemas digestivos del ámbito extrahospitalario, especialmente en los enfermos mayores y la transición desde la Pediatría.

b) Aprender como estudiar y diagnosticar a los pacientes con problemas digestivos en el ambulatorio o en la consulta extrahospitalaria.

c) Comprender con profundidad la historia natural de las enfermedades digestivas.

	GUIA O ITINERARIO FORMATIVO DE RESIDENTES	Anexo 7
EDICIÓN : 1		FECHA ELABORACIÓN:

d) Obtener experiencia en el cuidado continuado de los pacientes con problemas crónicos.

e) Capacitarse para colaborar en los programas de rehabilitación, educación sanitaria y prevención de las enfermedades digestivas, con especial referencia al ámbito de la geriatría.

f) Adquirir experiencia en la práctica digestiva ambulatoria.

g) Desarrollar habilidades como especialista en la comunicación con otros profesionales sanitarios, para poder proporcionar un cuidado completo a todos los pacientes.

h) Comprender el papel de los distintos miembros del equipo multidisciplinario de salud.

i) Familiarizarse con los problemas administrativos y burocráticos derivados de la aplicación de determinados tratamientos y el control de los mismos.

j) Aprender a relacionarse con la hospitalización domiciliaria y el hospital de día digestivo.

13. Guardias

Con carácter general las guardias tienen carácter formativo aconsejándose realizar entre cuatro y seis mensuales.

13.1 Guardias durante el período de formación genérica.

Se realizarán guardias en unidades de urgencias y de medicina interna con un nivel de responsabilidad 3 (R1).

13.2 Guardias durante el periodo de formación específica.

Con carácter preferente, se realizarán guardias en Medicina Interna con un nivel de responsabilidad 1, 2 ó 3, según las características del residente y año de formación. Si la unidad docente contara con guardias de digestivo, éstas se

	GUIA O ITINERARIO FORMATIVO DE RESIDENTES	Anexo 7
EDICIÓN : 1		FECHA ELABORACIÓN:

realizarán en esta unidad a partir del segundo año, si no fuera así, se efectuarán en el servicio de medicina interna.

A partir de la rotación por las Unidades Especiales (Sangrantes, Transplantes, o similares), si el Servicio dispusiera de estas, y hasta el final de la residencia se realizarán guardias en este área, reduciendo las guardias en medicina interna o en digestivo.

Los Hospitales que no cuenten con guardias de digestivo ni con unidades especiales, podrán llegar a acuerdos con las gerencias de otros hospitales de la misma Comunidad Autónoma para que los residentes puedan realizar algunas guardias en tales centros.

14. Actividades asistenciales

14.1 Aspectos generales.

Las habilidades prácticas mencionadas en los apartados anteriores, deben ser supervisadas de forma directa o indirecta, de manera que el médico residente, adquiera responsabilidad directa sobre los pacientes de forma progresiva en las siguientes áreas asistenciales:

14.1.1 Pacientes hospitalizados: el residente deberá usar apropiadamente las diferentes pruebas complementarias, realizando consultas a otras especialidades. Durante el último año de residencia debe ser capaz de ejercer como consultor para otros servicios y de participar en la planificación de los ingresos y las altas en el área de hospitalización.

14.1.2 Asistencia a pacientes ambulatorios durante el último año de residencia: a tal fin deberá asumir, con la oportuna supervisión, la responsabilidad del control de los enfermos atendidos en régimen ambulatorio, tanto en las primeras visitas, como en las revisiones.

	GUIA O ITINERARIO FORMATIVO DE RESIDENTES	Anexo 7
EDICIÓN : 1		FECHA ELABORACIÓN:

14.1.3 Medicina de urgencia y cuidados intensivos e intermedios: a tal fin los residentes durante sus periodos de rotación por dichas áreas, se incorporarán al cuadro de guardias de las unidades correspondientes del centro.

14.2 Cuantificación orientativa de las actividades asistenciales.

El número de procedimientos anuales que se estima necesario para conseguir una adecuada formación es:

14.2.1 Primer año de residencia: (con supervisión de presencia física).

a) Historias clínicas de pacientes hospitalizados: 200.

b) Informes de alta: 200 (debidamente visados por el personal de plantilla).

c) Paracentesis diagnóstica/terapéutica: 15.

d) Interpretación de radiografías simples de abdomen: 200.

e) Interpretación de radiografía de tórax: 200.

f) Interpretación de ECG: 200.

g) Guardias de presencia física: en los términos previstos en el apartado 13.

14.2.2 Segundo año de residencia:

a) Historias clínicas de pacientes hospitalizados: 100.

b) Informes de alta: 100.

c) Paracentesis diagnóstica/terapéutica: 10.

d) Interpretación de tomografías computerizadas abdominales: 100.

e) Interpretación de tránsito intestinal y enema opaco: 30.

f) Interpretación de gammagrafía de órganos digestivos: 10.

g) Interpretación de pruebas de aliento en enfermedades digestivas: 15.

h) Interpretación de pruebas de digestión y absorción: 15.

i) Guardias de presencia física: en los términos previstos en el apartado 13.

14.2.3 Tercer año de residencia:

a) Ecografía abdominal: 200.

b) Técnicas manométricas digestivas, pHmetría e impedaciometría: 15.

	GUIA O ITINERARIO FORMATIVO DE RESIDENTES	Anexo 7
EDICIÓN : 1		FECHA ELABORACIÓN:

c) Técnicas de rehabilitación del suelo pélvico: 10.

d) Esofagoscopia, gastroscopia, enteroscopia, colonoscopia y rectoscopia: 400 (al menos 150 gastroscopias y 150 colonoscopias).

e) Técnicas endoscópicas hemostáticas primarias y secundarias: 50.

f) Tratamientos endoscópicos de los tumores digestivos y de las lesiones premalignas: 50.

g) Tratamiento intraluminal de los procesos proctológicos: 20

h) Cápsuloendoscopia: 20.

i) Dilatación de estenosis intraluminales: 20.

j) Participación como ayudante en la realización de ecoendoscopia diagnóstica y terapeútica: 20.

k) Punción biopsia y punción con aguja fina de órganos digestivos bajo control por imagen: 20.

l) Participación como ayudante en colangiopancreatografía retrograda endoscópica: 100.

m) Participación como ayudante en papilotomía endoscópica, extracción de cálculos, dilataciones y colocación de prótesis biliar: 25.

n) Participación como ayudante en la colocación de prótesis endodigestivas: 15.

o) Gastrostomía endoscópica: 10.

p) Participación como ayudante en drenajes de colecciones abdominales guiadas por técnicas de imagen 20.

q) Guardias de presencia física: en los términos previstos en el apartado 13.

14.2.4 Cuarto año de residencia:

a) Historias clínicas de pacientes hospitalizados: 100.

b) Asistencia a pacientes ambulatorios: Primeras consultas: 100 Revisiones: 200.

c) Informes de alta: 100.

d) Interpretación de procedimientos para cuantificación de fibrosis en órganos digestivos: 30.

	GUIA O ITINERARIO FORMATIVO DE RESIDENTES	Anexo 7
EDICIÓN : 1		FECHA ELABORACIÓN:

e) Interpretación del significado de los marcadores virales hepáticos: 200.

f) Interpretación de técnicas de evaluación de la calidad de vida en enfermedades digestivas.

g) Guardias de presencia física: en los términos previstos en el apartado 13.

15. Actividades científicas e investigadoras

15.1 Aspectos generales.

El médico residente debe tomar conciencia durante el período de residencia de la necesidad de integrar la docencia y la investigación como partes indispensables en la labor médica. Para ello es esencial que participe activamente en las actividades de formación continuada y de investigación del Servicio y del Centro. En todo momento el residente debe incorporarse paulatinamente a los equipos de trabajo, con un nivel de responsabilidad progresivamente más alto, y en ningún caso su formación en esta área debe limitarse a aspectos meramente teóricos. Con más detalle debe:

a) Participar activamente en el desarrollo de las sesiones clínicas del Servicio, en conjunto con otros Servicios y/o Unidades, y las generales de Hospital.

b) Tomar parte activa en revisiones bibliográficas periódicas, otras actividades docentes del Servicio.

c) Participar activamente en el desarrollo de las sesiones de investigación del Servicio.

d) Desarrollar las capacidades y habilidades necesarias para llevar a cabo trabajos de investigación. En detalle, debe formarse en metodología de la investigación, y en aquellas materias complementarias como idiomas, y uso avanzado de herramientas informáticas.

e) Desarrollar las capacidades y habilidades necesarias para la comunicación de los resultados de los trabajos de investigación, tanto en el formato de

	GUIA O ITINERARIO FORMATIVO DE RESIDENTES	Anexo 7
EDICIÓN : 1		FECHA ELABORACIÓN:

comunicación a reuniones y congresos, como en la redacción y envío de trabajos científicos para su publicación.

f) Incorporarse a alguna de las líneas de investigación activas del centro, o en su caso contribuir al inicio de nuevas líneas. En cualquier caso, es importante que se inicie en los procedimientos para la obtención de recursos externos, especialmente en la solicitud de becas de investigación. Sería deseable que esta labor investigadora se orientara al desarrollo de un proyecto para la obtención del título de Doctor.

15.2 Cuantificación aproximada de las actividades científicas.

Este apartado constituye sólo una orientación general, que debe adaptarse por el tutor a las circunstancias locales de cada Centro.

15.2.1 Primer año de residencia.

a) Asistir a las sesiones clínicas generales del hospital.

b) Asistir con participación activa a las sesiones clínicas de los Servicios por los que rote.

c) Asistir a las actividades formativas programadas por la Comisión de Docencia de acuerdo con el Tutor; que deben incluir una formación en metodología de la investigación y materias auxiliares.

d) Comenzar el programa de Tercer Ciclo y Doctorado.

e) Asistir a Reuniones Científicas locales y/o nacionales.

15.2.2 Segundo año de residencia.

a) Asistir a las sesiones clínicas generales del hospital.

b) Asistir con participación activa a las sesiones clínicas de los Servicios por los que rote.

c) Asistir a las actividades formativas programadas por la Comisión de Docencia de acuerdo con el Tutor; que deben incluir una formación en metodología de la investigación y materias auxiliares.

d) Continuar el programa de Tercer Ciclo y Doctorado.

	GUIA O ITINERARIO FORMATIVO DE RESIDENTES	Anexo 7
EDICIÓN: 1		FECHA ELABORACIÓN:

e) Contribuir con presentaciones a reuniones científicas locales, y asistir a reuniones nacionales.

f) Participar en la elaboración de trabajos científicos.

g) Incorporarse a las líneas de investigación del centro.

15.2.3 Tercer año de residencia.

a) Asistir a las sesiones clínicas generales del hospital, participando con presentaciones en alguna ocasión.

b) Presentación de sesiones en el Servicio de Aparato Digestivo, además de asistencia activa al resto de sesiones.

c) Asistir a las actividades formativas programadas por la Comisión de Docencia de acuerdo con el Tutor; que deben incluir una formación en metodología de la investigación y materias auxiliares. Estas actividades deben incluir asistencia a Cursos de Formación externos, auspiciados por otros Centros o por las Sociedades Científicas. Se valorará la necesidad de rotaciones externas en áreas específicas.

d) Continuar el programa de Tercer Ciclo y Doctorado.

e) Contribuir con presentaciones a reuniones científicas locales y nacionales, y valorar la asistencia a alguna reunión internacional.

f) Participar en la elaboración de trabajos científicos, lo que debe seguirse de publicaciones.

g) Continuar su actividad en las líneas de investigación del centro.

15.2.4 Cuarto año de residencia.

a) Asistir a las sesiones clínicas generales del hospital, participando con presentaciones en alguna ocasión.

b) Presentación de sesiones en el Servicio de Aparato Digestivo, además de asistencia activa al resto de Sesiones.

c) Asistir a las actividades formativas programadas por la Comisión de Docencia de acuerdo con el Tutor; que deben incluir una formación en

	GUIA O ITINERARIO FORMATIVO DE RESIDENTES	Anexo 7
EDICIÓN : 1		FECHA ELABORACIÓN:

metodología de la investigación y materias auxiliares. Estas actividades deben incluir asistencia a Cursos de Formación externos, auspiciados por otros Centros o por las Sociedades Científicas. Se valorará la necesidad de rotaciones externas en áreas específicas. Si es posible, se valorará una rotación internacional.

d) Continuar y si es posible concluir con el programa de Tercer Ciclo y Doctorado.

e) Contribuir con presentaciones a reuniones científicas locales, nacionales y si es posible internacionales.

f) Participar en la elaboración de trabajos científicos, lo que debe seguirse de publicaciones.

g) Continuar su actividad en las líneas de investigación del centro.

ANEXO I

Programa formativo de aparato digestivo

(Relación de entidades nosológicas y síndromes a los que se refiere el apartado 8.1)

1. Enfermedades benignas del tubo digestivo.

Anomalías del desarrollo embriológico del tubo digestivo. Enfermedades de la mucosa oral, manifestaciones cutáneas de las enfermedades del aparato digestivo. Enfermedades del esófago. Divertículos esofágicos, gástricos y duodenales. Disfagia mecánica intra y extraluminal. La odinofagia, incluyendo las originadas por esofagitis química, actínica, infecciosa o péptica. Lesiones esofágicas por traumatismo mecánico. Síndrome de Boerhaave y el Síndrome de Mallory–Weiss. Hernias diafragmáticas. Hernias abdominales: inguinales y crurales, otras hernias, internas, ventrales, pélvica y perineales. Vólvulo gástrico. Enfermedades relacionadas con alteraciones de la secreción ácido-péptica. Enfermedad por reflujo gastroesofágico y sus complicaciones

	GUIA O ITINERARIO FORMATIVO DE RESIDENTES	Anexo 7
EDICIÓN : 1		FECHA ELABORACIÓN:

incluyendo el Esófago de Barrett. Úlcera gastroduodenal y sus complicaciones, gastritis, otras gastropatías, duodenitis, síndrome de Zollinguer-Ellison y otros estados de hipersecreción. Papel de la infección por Helicobacter pylori en las enfermedades digestivas. Hemorragia gastrointestinal. Síndrome diarreico agudo y crónico. Diarrea infecciosa bacteriana y viral, tuberculosis intestinal. Diarrea asociada al uso de antibióticos e infección por Clostridium difficile. Infestación por protozoos y helmintos intestinales. Trastornos eosinofílicos del tubo digestivo. Conceptos de mala digestión y de malaabsorción. Sobrecrecimiento bacteriano. Síndrome de malaabsorción y diarrea tropical. Enfermedad celíaca. Síndrome de intestino corto. Enfermedad de Whipple. Gastroenteropatía «pierde proteinas». Úlceras de intestino delgado y grueso. Apendicitis. Enfermedad diverticular del colon, Colitis colágena, endometriosis. Isquemia intestinal. Trastornos digestivos en pacientes inmunodeprimidos, relacionados y no relacionados con el Síndrome de inmunodeficiencia adquirida (SIDA). Infecciones propias del SIDA en le tracto digestivo superior. La gastropatía del SIDA. Diferentes causas de diarrea en pacientes inmunodeprimidos. Enfermedades pancreáticas infecciosas, tóxicas y neoplásicas que se producen en el curso del SIDA. Significado clínico de la hiperamilasemia en pacientes con SIDA. Isquemia intestinal. Enfermedades del diafragma, del peritoneo, mesenterio y el epiplon. Abscesos abdominales y fístulas digestivas. Enfermedades anorectales benignas. Hemorroides. Fisura anal, Abcesos y fístulas anales. Cáncer anal. Condilomas acuminados, estenosis anal.

2. Neurogastroenterología. Trastornos funcionales. Trastornos de la motilidad del Aparato Digestivo.

Disfagia motora, incluyendo la disfagia bucofaríngea y la disfagia por trastornos neuromusculares esofágicos primarios y los secundarios a enfermedades del colágeno y de origen parasitario.. Trastornos de la función motora del tracto digestivo superior. Concepto del «eje cerebro-intestino» y mecanismos de control del vómito. Gastroparesia y dispepsia no ulcerosa. Indicaciones y

	GUIA O ITINERARIO FORMATIVO DE RESIDENTES	Anexo 7
EDICIÓN : 1		FECHA ELABORACIÓN:

limitaciones de los estudios de la motilidad. Tratamiento farmacológico y principios del tratamiento cognitivo-conductual en el manejo de la dispepsia funcional. Bases psicosociales que afectan al paciente con trastornos digestivos, umbrales de sensación visceral. Cambios inducidos por el estrés sobre la neurobiología del sistema nervioso entérico. Funciones sensitiva y motora del intestino delgado y grueso. Estudio de la motilidad del intestino delgado y abordaje terapéutico de la disfunción motora del intestino. Síndrome de Intestino Irritable. Seudo obstrucción intestinal aguda y crónica. Colon catártico, inercia colónica, Patología de la defecación, trastornos morfológicos y de la función motora ano-rectal y de la pelvis que afectan a la defecación. El espasmo rectal. Agentes farmacológicos que modulan la sensibilidad y la motilidad gastrointestinal. Motilidad del tracto biliar disfunción del esfínter de Oddi, disquinesia biiar. Trastornos congénitos y adquiridos de la motilidad digestiva ocasionados por la diabetes, el esclerodema, la enfermedad tiroidea, procesos postquirúrgicos, el síndrome de seudoobstrucción intestinal y los trastornos de origen neurológico, incluyendo el síndrome de disautonomía. Trastornos de la motilidad del colon.

3. Tumores del tubo digestivo.

La homeostasis celular normal. La apoptosis. Regulación de la proliferación celular. La Oncogénesis. El proceso metastático. Interpretación patológica de las muestras de biopsias endoscópicas y percutáneas, reconocimiento y manejo de las lesiones displásicas. Principios de la quimio y radioterapia en tumores avanzados del tubo digestivo. Tumores benignos del esófago. Cáncer de esófago. Tipos histológicos, características epidemiológicas, factores de riesgo, bases biológicas y genéticas responsables del desarrollo del cáncer de esófago. Estadificación y selección del tratamiento. Tumores gástricos benignos, Cáncer gástrico.Linfomas digestivos. Tumores de intestino delgado. Tumor carcinoide digestivo. Pólipos de colon. Poliposis intestinales y poliposis familiar. Hipótesis adenoma-carcinoma. Abordaje del cribado del cáncer colorrectal (CCR) en población de riesgo intermedio y de alto riesgo. Estudio

	GUIA O ITINERARIO FORMATIVO DE RESIDENTES	Anexo 7
EDICIÓN : 1		FECHA ELABORACIÓN:

genético en CCR hereditario. Consejo genético. Factores de riesgo de CCR. Criterios terapéuticos de los pólipos de colon. Vigilancia post-polipectomia. Estadificación del CCR. Criterios terapéuticos. Cirugía del CCR. Síndromes post-quirúrgicos. Colitis por derivación. Tumores del estroma digestivo. Tumores endocrinos del páncreas y del tubo digestivo. Abordaje diagnóstico del cáncer gastrointestinal incluyendo procedimientos endoscópicos, radiológicos y de medicina nuclear. Estudios genéticos.

4. Enfermedad Inflamatoria Intestinal Crónica.

Diferenciación clínica y morfológica entre Colitis Ulcerosa (CU) y Enfermedad de Crohn (EC), y otras entidades como Colitis inclasificable o Colitis Microscópica. Diagnóstico diferencial con otras entidades que pueden cursar con diarrea crónica como enteropatías por AINEs, colitis actínica, enfermedad de Whipple, colitis por exclusión o la ulcera rectal solitaria. Interacción EIII y embarazo. Selección de procedimientos radiológicos, endoscópicos, serológicos y/o genéticos para el diagnóstico de la EIII. Complicaciones de la EIII, afectación anorectal del la EIII, incluyendo fisuras, fístulas, abscesos. Patrones fibroestenosantes del intestino, hemorragias, abscesos intraabdominales o fístulas entéricas propias de la EC. Megacolon tóxico en pacientes afectos de CU. Manifestaciones extraintestinales de la EII, incluyendo las oculares, dermatológicas, hepatobiliares, y del tracto urinario. Implicaciones de las mutaciones genéticas relacionadas con la EIII, consejo genético. Cribado coste-efectivo de cáncer colo-rectal en la EIII y criterios diagnósticos dedisplasia en la CU. Plan terapéutico a la medida de la extensión y gravedd de la EIII y situación general de paciente, uso de agentes anticolinérgicos, antidiarréicos, quelantes de ácidos biliares, aminosalicilatos tópicos y orales, esteroides por vía rectal, parenteral y oral, inmunodepresores, antibióticos y probióticos, así como anticuerpos monoclonales. Soporte nutricional enteral. Indicaciones del tratamiento quirúrgico en la EIII, complicaciones tras la cirugía en la CU (reservoritis tras anastomosis

	GUIA O ITINERARIO FORMATIVO DE RESIDENTES	Anexo 7
EDICIÓN : 1		FECHA ELABORACIÓN:

ileoanales). Ileostomia, colostomía y reservorios. Conocimientos sobre el componente biopsicosocial de la enfermedad inflamatoria intestinal.

5. Enfermedades bilio-pancreáticas.

Anomalías congénitas de las vías biliares intra y extrahepáticas y de la vesícula. Secreción biliar, circuito entero-hepático de la bilis. Colelitiasis. Colecistitis. Colecistitis alitiásica, colesterolosis,adenomiomatosis y pólipos. Colangitis piógena. Infestación de la vía biliar por parásitos. Infecciones oportunistas. Evaluación y tratamiento de los síndromes más frecuentes como colestasis obstructiva, el cólico biliar, principios, utilidad y complicaciones de la cirugía biliar. Trastornos motores de la vesicular y vías biliares como la disquinesia biliar y la disfunción del esfínter de Oddi. Cáncer de vesícula y de vías biliares. Tumores e la ampolla de Vater. Selección de los procedimientos diagnósticos de imagen tales como la radiografía simple del abdomen, colecistografía, ecografía, tomografía axial computerizada, resonancia magnética y los estudios isotópicos. Indicaciones, contraindicaciones y posibles complicaciones de la colangiografía transparietohepática o la colangiografía retrógrada endoscópica. Interpretar sus hallazgos, así como las posibilidades diagnósticas y terapéuticas. Enfermedades del páncreas. Alteraciones de su desarrollo. La secreción pancreática y su estudio. Diagnóstico y bases genéticas moleculares de las enfermedades del páncreas con referencia especial a la pancreatitis hereditaria y la fibrosis quística. Procedimientos diagnósticos y terapéuticos endoscópicos y radiológicos de las enfermedades pancreáticas. Interpretacion de los test diagnósticos en el estudio de las enfermedades del páncreas. Estudio etiológico de la pancreatitis aguda, evaluación de su gravedad, manejo terapéutico, medidas de soporte hemodinámico, equilibrio hidroelectrolítico y control del dolor, soporte nutricional. Diagnóstico de las complicaciones, necrosis pancreática, necrosis infectada, colecciones liquidas intraabdominales, seudoquistes. Indicación de la cirugía. Estudio etiológico de la pancreatitis crónica. Manejo terapéutico del dolor pancreático y de la insuficiencia pancreática endocrina. Identificación y

	GUIA O ITINERARIO FORMATIVO DE RESIDENTES	Anexo 7
EDICIÓN : 1		FECHA ELABORACIÓN:

tratamiento de las complicaciones, seudoquistes, ascitis, obstrucción duodenal, colestasis, seudoaneurismas, trombosis eje esplenorenal. Principios del soporte nutricional tanto de los pacientes con pancreatitis crónica. Diagnóstico radiológico de las enfermedades del páncreas. Carcinoma e páncreas. Neoplasias quisticas mucinosas. Estadificación. Tratamiento quirúrgico. Quimio y radioterapia.

6. Enfermedades del hígado.

Hepatitis aguda (viral, autoinmune, fármacos, tóxicos, etc.), diagnóstico bioquímico, serológico e histológico. Manejo de la Insuficiencia Hepática Aguda Grave (IHAG), incluyendo el manejo del edema cerebral, la coagulopatía y otras complicaciones asociadas. Hepatitis virales crónicas, diagnóstico bioquímico, serológico e histológico. Hepatopatías crónicas no virales, como la alcohólica, la hepatopatía grasa no alcohólica, hepatitis autoinmune, hemocromatosis enfermedad de Wilson y déficit de alfa-1-antitripsina. Trastornos hepatobiliares asociados con el embarazo. Fármacos antivirales e inmunosupresores en el tratamiento de diferentes hepatopatías, hepatopatías colestasicas incluyendo las colestasis congénitas, cirrosis biliar primaria, colangitis esclerosante, colangitis autoinmune. Cirrosis hepática prevención de complicaciones. Manejo de las complicaciones en fases avanzadas de la cirrosis: ascitis y/o síndrome hepatorrenal, hidrotórax hepático, encefalopatía portosistémica, hemorragia digestiva secundaria a hipertensión portal síndromes hepatopulmonares. Conocer los factores que predisponen a la población cirrótica a las infecciones, en especial a la peritonitis bacteriana espontánea, su manejo terapéutico. Hepatocarcinoma. Importancia del cribado en población cirrótica.

Posibilidades terapéuticas. Enfermedades hepáticas asociadas con enfermedades sistémicas y embarazo. Evaluación pre y postoperatoria de pacientes con hepatopatía crónica. Interpretación anatomo-patolológica de las entidades mas frecuentes que afectan al hígado. Indicación e interpretación de los principales métodos de diagnóstico por la imagen, incluyendo ecografía,

	GUIA O ITINERARIO FORMATIVO DE RESIDENTES	Anexo 7
EDICIÓN: 1		FECHA ELABORACIÓN:

estudio hemodinámico portal, tomografía axial computarizada, resonancia magnética y angiografía. El empleo de procedimientos de la radiología vascular intervencionista. Enfermedades hepatobiliares pediátricas y congénitas.. Problemas nutricionales asociados con la hepatopatía crónica.

7. Trasplante hepático.

Selección, seguimiento y protocolización del estudio de pacientes en lista de espera de trasplante hepático. Conocimiento en el uso de los fármacos inmunosupresores Cuidados del paciente post- trasplante, incluyendo el rechazo agudo, recurrencia de la enfermedad en el injerto, diagnóstico clínico y anatomopatológico del rechazo, su manejo terapéutico. Complicaciones infecciosas y oncológicas de la inmunosupresión. Reconocimiento de otras complicaciones del trasplante hepático como lesiones de la vía biliar y problemas vasculares. Problemas a medio plazo del trasplante hepático, incluyendo la enfermedad cardiovascular, la obesidad, la insuficiencia renal Consideraciones éticas en diferentes escenarios del trasplante hepático.

8. Endoscopia.

Fundamentos técnicos de la endoscopia digestiva. Organización y gestión de una Unidad de Endoscopia Digestiva. Gastroscopia diagnóstica y terapéutica. Técnicas de hemostasia endoscópica. Colonoscopia. Polipectomía. Colangiopancreatografía retrógrada endoscópica. Enteroscopia. Cápsuloendoscopia. Fundamentos de ecografía endoscópica. Prevención de los riesgos de la endoscopia digestiva. Manejo de las complicaciones de la endoscopia digestiva. Cromoendoscopia. Nuevas técnicas de imagen.

	GUIA O ITINERARIO FORMATIVO DE RESIDENTES	Anexo 7
EDICIÓN : 1		FECHA ELABORACIÓN:

ANEXO II AL PROGRAMA DE APARATO DIGESTIVO

Desarrollo del apartado 11.3 del programa

Formación en Protección Radiológica

Los residentes deberán adquirir de conformidad con lo establecido en la legislación vigente, conocimientos básicos en protección radiológica ajustados a lo previsto en la Guía Europea «Protección Radiológica 116», en las siguientes materias.

a) Estructura atómica, producción e interacción de la radiación.
b) Estructura nuclear y radiactividad.
c) Magnitudes y unidades radiológicas.
d) Características físicas de los equipos de Rayos X o fuentes radiactivas.
e) Fundamentos de la detección de la radiación.
f) Fundamentos de la radiobiología. Efectos biológicos de la radiación.
g) Protección radiológica. Principios generales.
h) Control de calidad y garantía de calidad.
i) Legislación nacional y normativa europea aplicable al uso de las radiaciones ionizantes.
j) Protección radiológica operacional.
k) Aspectos de protección radiológica específicos de los pacientes.
l) Aspectos de protección radiológica específicos de los trabajadores expuestos.

La enseñanza de los epígrafes anteriores se enfocará teniendo en cuenta los riesgos reales de la exposición a las radiaciones ionizantes y sus efectos biológicos y clínicos.

Duración de la rotación:

Los contenidos formativos de las anteriores letras a), b), c), d), e), f), g), h), i), se impartirán durante el primer año de especialización. Su duración será, entre

	GUIA O ITINERARIO FORMATIVO DE RESIDENTES	Anexo 7
EDICIÓN : 1		FECHA ELABORACIÓN:

seis y diez horas, fraccionables en módulos, que se impartirán según el plan formativo que se determine.

Los contenidos formativos de las letras j), k) y l): se impartirán progresivamente en cada uno de los sucesivos años de formación y su duración será entre dos y cuatro horas, destacando los aspectos prácticos.

Lugar de realización:

Los contenidos formativos de las letras a), b), c), d), e), f) g), h), i), se impartirán por lo integrantes de un Servicio de Radiofísica Hospitalaria/ Protección Radiológica/ Física Médica. Los contenidos formativos de las letras j), k) y l): se impartirán en una Institución Sanitaria con Servicio de Radiofísica Hospitalaria/Protección Radiológica/Física Medica, en coordinación con las unidades asistenciales de dicha institución específicamente relacionadas con las radiaciones ionizantes.

Efectos de la formación:

La formación en Protección Radiológica en el periodo de residencia antes referida, se adecua a lo requerido en la legislación aplicable durante la formación de especialistas en ciencias de la salud, sin que en ningún caso, dicha formación implique la adquisición del segundo nivel adicional en Protección Radiológica, al que se refiere el artículo 6.2 del Real Decreto 1976/1999, de 23 de diciembre, por el que se establecen los criterios de calidad en radiodiagnóstico, para procedimientos intervencionistas guiados por fluoroscopia. (Orden SCO/3276/2007, de 23 de octubre, -BOE de 13 noviembre de 2007).

Organización de la formación:
Cuando así lo aconseje el número de residentes, especialidades y Servicios de Radiofísica/Protección Radiológica/Física Médica implicados, los órganos competentes en materia de formación sanitaria especializada de las diversas comunidades autónomas podrán adoptar, en conexión con las Comisiones de

	GUIA O ITINERARIO FORMATIVO DE RESIDENTES	Anexo 7
EDICIÓN : 1		FECHA ELABORACIÓN:

Docencia afectadas, las medidas necesarias para coordinar su realización con vistas al aprovechamiento racional de los recursos formativos.

GUÍA O ITINERARIO FORMATIVO TIPO DE LA UNIDAD DE APARATO DIGESTIVO

.1. Competencias generales a adquirir durante la formación

Adquirir los conocimientos teóricos, prácticos, así como las actitudes y aptitudes y habilidades para que puede desempeñar de forma eficaz, eficiente y efectiva el desempeño como médico adjunto de Aparato Digestivo en cualquier unidad asistencial donde tenga que trabajar.

.2. Plan de rotaciones

- Este Plan se adaptará anualmente a cada residente, a fin de subsanar aquellos cambios que puedan aparecer por necesidad del hospital o del propio residente.
- Durante el 1º año, el residente comenzará a rotar en el Departamento de Medicina Interna durante un periodo de al menos 6 meses, pasando después por las Unidades de Gestión Clínica de Nutrición, Cirugía General, Radiodiagnóstico. El objetivo de la rotación por Medicina Interna, será adquirir conocimientos, actitudes y aptitudes relacionadas con un manejo eficiente y efectivo de la hospitalización de pacientes con patología médica variada, trato médico-paciente, técnicas diagnósticas relacionadas.
- Durante el 2º año, el residente iniciará la rotación por el Departamento de Hospitalización de Aparato Digestivo, centrándose en técnicas diagnósticas de paracentesis evacuadora, rotación por la Unidad de Cuidados Intensivos, ecografía abdomen diagnóstica. También deberá rotar por Observación de Urgencias durante 1 mes. Intentará aprovechar las urgencias endoscópicas que tengan lugar a primera hora en nuestra unidad. Podrá plantearse el primer turno de rotaciones externas durante este año o ya como residente

	GUIA O ITINERARIO FORMATIVO DE RESIDENTES	Anexo 7
EDICIÓN : 1		FECHA ELABORACIÓN:

de 3º año, preferentemente en Unidad de Sangrantes, Unidad de Trasplante Hepático, Unidad de Ecoendoscopia Digestiva diagnóstica y terapeútica, etc.

- Durante el 3º año, las rotaciones girarán fundamentalmente en torno al Departamento de Endoscopia Digestiva, teniendo que rotar inicialmente por la sala 2 de Endoscopia para el manejo diagnóstico y terapeútico de endoscopia oral y colonoscopia (pacientes ambulatorios) y hacer tardes de endoscopia digestiva, si estuvieran habilitadas, así como el manejo diagnóstico y terapeútico de la endoscopia digestiva de pacientes ingresados y técnicas terapeúticas más complejas (dilataciones, ligadura con bandas, etc), que tengan lugar en la sala 1 de endoscopia (pacientes ingresados o citados para terapeútica específica). Deberá aprovechar al máximo las endoscopias terapeúticas de urgencias acaecidas a primera hora de la jornada laboral. Podrá plantearse rotaciones externas.
- Durante el 4º año, deberá hacer una rotación por las consultas monográficas:
- Consulta de Digestivo 11 del Hospital: monográfica de Hepatología, de pólipos y cáncer colorrectal y sobre patología general;
- Consulta de Digestivo 5 del Ambulatorio Virgen de la Cinta: de Hepatitis Virales (martes y viernes) y de Enfermedad Inflamatoria Intestinal (miércoles y jueves).
- Consulta de Hospital Infanta Elena: atención especializada a consultas desde Atención Primaria.
- La rotación por estas consultas deberá intercalarla con la rotación por Endoscopia Digestiva terapeútica avanzada: realización de CPRE terapeútica (miércoles y/o viernes), bien en el Hospital Juan Ramón Jiménez o Hospital Infanta Elena, biopsia hepática (miércoles), fibroscan en caso de estar habilitado, colocación de prótesis endoscópicas plásticas o metálicas esofágicas, biliares o colónicas, así como colocación en quirófano de gastrostomías percutáneas endoscópicas (PEG). En caso de

	GUIA O ITINERARIO FORMATIVO DE RESIDENTES	Anexo 7
EDICIÓN : 1		FECHA ELABORACIÓN:

disponibilidad de meses libres, podrá plantearse rotaciones externas en otros centros internacionales.

Competencias específicas por rotación
- I.- Primer período de rotación: 12 meses.
1. CONOCIMIENTOS:

a) Objetivos:

Realizar la entrevista clínica y conseguir que los encuentros clínicos sean de calidad, incluyendo la valoración del estado funcional, mental y entorno social. Saber realizar una exploración física completa y saber interpretar los datos obtenidos. Saber indicar las exploraciones complementarias básicas (analíticas, Radiología simple y ECG) adecuadas a cada caso.

Saber interpretar los resultados de dichas exploraciones. Poder elaborar un juicio clínico diagnóstico de presunción. Saber plantear las opciones terapéuticas.

Manejar adecuadamente los principales síndromes de Urgencias, conocer las indicaciones de ingreso en Observación, en Planta o Alta domiciliaria.

Adquirir seguridad en la asistencia del paciente urgente.

Conocer y manejar correctamente los síndromes y las patologías médicas más frecuentes de la especialidad:

b) Habilidades comunicativas:

Ser capaz de dar información clara y concisa al paciente de su estado de salud, y ser capaz de informar a sus familiares.

Ser capaz de comentar un paciente correctamente planteado a otro facultativo (derivación de pacientes, solicitud verbal de pruebas diagnósticas, etc.).

Ser capaz de presentar casos clínicos en sesiones del propio Servicio.

Ser capaz de realizar y presentar una sesión clínica del Servicio.

	GUIA O ITINERARIO FORMATIVO DE RESIDENTES	Anexo 7
EDICIÓN: 1		FECHA ELABORACIÓN:

c) Habilidades técnicas:

Conocer las indicaciones de las principales punciones (arteriales, venosas, de serosas, determinadas articulares, intradérmicas, subcutáneas). Ser capaz de realizarlas con éxito y saber interpretar los resultados obtenidos. Saber realizar e interpretar el tacto rectal.

d) Desarrollo personal y profesional:

Saber organizarse el propio curriculum vitae.

Ser capaz de solicitar un consentimiento informado.

Manejo ágil de la bibliografía incluyendo realizar búsquedas bibliográficas.

Adquirir una capacidad de manejo de tecnología informática básica, y conocimientos de la lengua inglesa.

Adquirir la autoformación dentro del quehacer cotidiano, con autonomía en la búsqueda en distintas fuentes (libros, artículos originales, revisiones, Uptodate, etc.)

2. ÁREAS DE ACTUACIÓN:

- Áreas de hospitalización de Medicina Interna: al menos 6 meses, que debe realizarse en una de las plantas de hospitalización general de Medicina Interna, con pacientes no seleccionados, donde el residente tenga que abordar todo tipo de patología médica.
- Tendrá responsabilidad supervisada de 5-6 camas, deberá atender al menos 180-200 pacientes/año.
- Realizará al menos 1 sesión clínica de servicio, participará en sesiones bibliográficas.
- Se interesará por las líneas de investigación existentes en el Servicio a fin de incorporarse a una el siguiente año. Aprenderá a realizar estudios descriptivos y a plasmarlos en comunicaciones a congresos, a fin de poderlo realizar el siguiente año.

	GUIA O ITINERARIO FORMATIVO DE RESIDENTES	Anexo 7
EDICIÓN : 1		FECHA ELABORACIÓN:

- Guardias en Urgencias-Medicina: Deseado 5 mensuales (nunca superando 7 mensuales).

3. ASISTENCIA A REUNIONES Y CONGRESOS:
- Reunión de Otoño de SAPD :
- Congreso anual de SEPD: Junio de cada año.
- Congreso anual de la AEEH (Febrero normalmente).

4. CURSOS A REALIZAR:
- Los dispuestos por la Consejería de Salud, dentro del Programa Común Complementario de Especialistas en formación en Ciencias de la Salud en Andalucía (PCCEIR). Obligatorios.

- Curso de Urgencias. En horario de mañana. Obligatorio.

5. SESIONES DEL SERVICIO:

6. BIBLIOGRAFÍA RECOMENDADA:
- Sleisenger and Fordtrand. Tratado de Gastroenterología y Hepatología.
- Harrison. Principios de Medicina Interna. Ed. McGraw-Hill Interamericana. Última edición.
- Uptodate. Última edición.
- Manuel 12 de Octubre. Última edición.
- Medimecum. Última edición.

- **II. Segundo período de rotación 12 meses.**
- Este período de formación suele caracterizarse porque el residente se integra ya en el servicio de Aparato Digestivo.

	GUIA O ITINERARIO FORMATIVO DE RESIDENTES	Anexo 7
EDICIÓN : 1		FECHA ELABORACIÓN:

- **Rotaciones hospitalarias:**
  1. CONOCIMIENTOS:

  a) Objetivos:

  - Reconocer las enfermedades del paciente
  - Saber indicar e interpretar los resultados de las exploraciones complementarias de mayor complejidad o más específicas. Ser capaz de elaborar un juicio clínico razonado de cada situación.
  - Saber priorizar las opciones terapéuticas.
  - Participará en las sesiones clínicas y bibliográficas de las unidades donde rote.
  - Dichos objetivos persiguen que el residente aprenda el manejo básico de las enfermedades más prevalentes.

  Enfermedades del aparato digestivo: Hospitalización: Responsabilidad supervisada de 6-8 camas. Se familiarizará con la solicitud e indicación de las siguientes técnicas: Endoscopias Digestivas altas; Colonoscopias; Deberá alcanzar el nivel de competencia en los siguientes procesos: Patología esofágica; Enfermedad ulcerosa; HDA complicada; Síndrome diarreico agudo; Abdomen agudo de naturaleza médica; Malabsorción; Enfermedad Inflamatoria Intestinal; Patología del hígado y de vías biliares; Ascitis; Cirrosis hepática y sus complicaciones; Neoplasias de páncreas, colon y estómago; Patología vascular abdominal; Trasplante hepático y sus indicaciones.

  Técnicas a realizar con carácter básico: Paracentesis.

  Hojas de consultas.
  Deberá alcanzar el nivel de competencia en los siguientes procesos: Diagnóstico y estadiaje de las principales neoplasias;

	GUIA O ITINERARIO FORMATIVO DE RESIDENTES	Anexo 7
EDICIÓN : 1		FECHA ELABORACIÓN:

Habilidades comunicativas:
- Avanzar en las adquiridas en el período previo y en situaciones más complejas.
- Capacidad de abordar correctamente situaciones de conflicto con pacientes y/o familiares
- Saber afrontar las situaciones del final de la vida.
- Saber hacer presentaciones en reuniones científicas internas (sesiones generales del hospital, jornadas o simposios).

c) Habilidades técnicas:
- Hacer e interpretar ECG.
- Indicar e interpretar resultados de Ecografías.
- Indicar e interpretar TAC de tórax, abdomen y cráneo.
- Indicar e interpretar exploraciones de RMN.
- Indicar y endoscopias digestivas.

d) Desarrollo personal y profesional:
- Participar en alguna actividad complementaria a la formación específica (bioética, informática, iniciación a la investigación, inglés médico).
- Saber manejar las bases de datos para conocer la mejor evidencia existente y para presentar trabajos en reuniones y congresos.

2. ÁREAS DE ACTUACIÓN:
Áreas de hospitalización y de consulta externa de especialidades médicas.
En el caso de existir aprendizaje de determinadas técnicas se realizará en Unidades de técnicas específicas.
Gabinetes de técnicas específicas.
Áreas de urgencias de mayor complejidad.
Guardias de urgencias e inicio tutelado de su actuación como especialista.

	GUIA O ITINERARIO FORMATIVO DE RESIDENTES	Anexo 7
EDICIÓN : 1		FECHA ELABORACIÓN:

- Realizará al menos 2 sesiones clínicas de servicio, participará en las sesiones del servicio y hospitalarias, y se incorporará a una línea de investigación existente en el Servicio tras acuerdo con su tutor, colaborando activamente en la realización de estudios científicos.
- Presentará al menos un trabajo de realización propia supervisado por un adjunto o su tutor en un congreso regional o nacional, que puede ser de algunas de las áreas por las que esté rotando.

- **Rotatorio por Atención Primaria:**

  - Conocer las características especiales de la actividad de los especialistas de Medicina Familiar y Comunitaria (MFC) en Atención Primaria, y familiarizarse con la estructura organizativa y funcional de la organización Conocer el funcionamiento y la **Cartera de Servicios** del Centro de Salud y del Área Básica de Salud. Esto incluirá las Áreas de Atención al Usuario, Dirección del Centro, Consulta de Trabajo Social, Enfermería de Enlace, Enfermería de Familia, Programas de Promoción de Salud, Atención de Urgencias, etc.
  - Conocer componentes del CS, normas de funcionamiento, organigrama y horarios.
  - Conocer y adquirir habilidades en la **Entrevista Clínica** y la relación médico paciente en MFC.
  - Aprender a realizar diagnósticos con la mejor herramienta diagnóstica: La Historia Clínica. Aprender a **priorizar** la petición de pruebas complementarias y a aumentar la **tolerancia a la incertidumbre**. Adquirir destrezas en el Razonamiento clínico en Atención Primaria,
  - Conseguir destrezas para realizar un correcto **enfoque biopsicosocial**, así como el abordaje del paciente en su contexto familiar y social.
  - Consolidar los conceptos de **Promoción de Salud** y **Prevención** de enfermedades.

	GUIA O ITINERARIO FORMATIVO DE RESIDENTES	Anexo 7
EDICIÓN : 1		FECHA ELABORACIÓN:

- Conocer la capacidad de Atención primaria en la **detección precoz** de las enfermedades más comunes, en su manejo y atención, incluidas las que generen ingresos, tanto antes como después de la estancia en el hospital.
- Obtener formación en **Gestión de la Consulta**, realizando la labor asistencial bajo la presión asistencial, priorizando objetivos y aprendiendo a pactarlos con el paciente.
- Conocer aspectos generales de **Sistemas de información** y burocracia: Historia clínica informatizada, receta electrónica, capacidad laboral, etc.
- Conocer los requerimientos y peculiaridades de la **derivación y coordinación** (cuando exista) con el segundo nivel, las dificultades encontradas y los modelos propuestos para vencerlas.
- Favorecer el **trabajo en equipo interniveles**. Aprender a facilitar la **Continuidad Asistencial** entre niveles.
- Conocer los Procesos Asistenciales Integrados (PAI) implantados y los protocolos de manejo de las patologías más frecuentes.

- b) Habilidades comunicativas:
- Ser capaz de dar información veraz a un paciente aún con un grado de incertidumbre diagnóstica, explicando los pasos a seguir y minimizando la ansiedad del paciente y familiares.
- Ser capaz de relacionarse con otros especialistas del ámbito hospitalario, explicando de forma concisa y adecuada el motivo de la derivación de un paciente · Ser capaz de manejar pacientes y/o familiares conflictivos, con exigencia inadecuada de pruebas y/o derivaciones a consultas de segundo nivel.
- Presentar casos clínicos en sesiones del Centro de Salud · Presentar al menos una sesión clínica del Servicio.

3. INVESTIGACIÓN Y FORMACIÓN:

	GUIA O ITINERARIO FORMATIVO DE RESIDENTES	Anexo 7
EDICIÓN : 1		FECHA ELABORACIÓN:

- Se recomienda participar o fomentar estudios con su tutor que no requieran más de los dos meses de la rotación, a fin de favorecer la investigación de colaboración entre los dos niveles.
- Se debe realizar una Sesión Clínica en el Centro de Salud, dentro del programa de Formación Continuada del Centro. El tema a elegir se acordará con el tutor. Se realizará al final de la rotación.

III. Tercer período de rotación. 12 meses.

1. CONOCIMIENTOS:

a) Objetivos:
- Aprender el manejo avanzado de endoscopia digestiva terapeútica, ecografía abdomen, incluida PAAF de LOES, biopsia hepática.
- Alternativas a la hospitalización convencional: consulta de orientación diagnóstica, consulta rápida de urgencias, toma de decisiones para derivaciones, criterios de observación, de ingreso, de corta estancia, de hospitalización domiciliaria.

b) Habilidades comunicativas:
- Saber establecer relación con pacientes y familiares en situaciones difíciles: malas noticias, solicitud de autopsias, pacientes violentos.
- Comunicarse adecuadamente con colegas de diferentes especialidades, particularmente médicos de familia, para el adecuado desarrollo de programas de continuidad asistencial.
- Hacer presentaciones de calidad en reuniones científicas externas al hospital: Congresos, Jornadas nacionales.

c) Habilidades técnicas:
- Ser capaz de realizar una RCP avanzada.

	GUIA O ITINERARIO FORMATIVO DE RESIDENTES	Anexo 7
EDICIÓN : 1		FECHA ELABORACIÓN:

- Realizar intubaciones orotraqueales.
- Ser capaz de insertar accesos venosos.

d) Desarrollo personal y profesional:
- Iniciarse y promover la investigación, mejorando los conocimientos sobre su metodología.
- Ejercitar las funciones docentes con residentes de años inferiores.

2. ÁREAS DE ACTUACIÓN:

Rotación sobre todo en el Departamento de Endoscopia Digestiva. Realizará al menos 2 sesiones clínicas de servicio y/o hospitalaria, comenzará a obtener resultados científicos de la línea de investigación adscrita, colaborando al menos en un artículo científico, siendo deseable que realice una publicación como primer autor.

En estos dos años presentará al menos dos trabajos de realización propia, supervisado por un adjunto o su tutor en congresos regionales o nacionales.

Es aconsejable que en este período inicie los cursos de doctorado, a fin de poder realizar la Tesis Doctoral durante la residencia. La Tesis Doctoral debe realizarse sobre un trabajo en la línea de investigación en la que está adscrito el residente. Se aconseja que el residente solicite una beca de investigación al FIS y/o la Consejería de Salud como primer investigador para realizar su Tesis Doctoral.

- **IV. Cuarto período de rotación. 6 meses.**

  Este período de formación suele caracterizarse porque el residente muestra una visión global de las situaciones, una capacidad de valorar lo que es importante en cada situación, una percepción de la desviación menos laboriosa y una utilización de guías con variantes según las situaciones.

	GUIA O ITINERARIO FORMATIVO DE RESIDENTES	Anexo 7
EDICIÓN : 1		FECHA ELABORACIÓN:

1. CONOCIMIENTOS:

a) Objetivos concretos:

- Aplicar en la práctica clínica con alto nivel de madurez todo lo aprendido hasta el momento.
- Adquirir nuevos conocimientos de aspectos que se consideren deficitarios en los años precedentes.

b) Habilidades comunicativas:

- Realizar presentaciones de calidad en reuniones científicas de alto nivel (Congresos, Jornadas internacionales).
- Ser capaces de mantener un óptimo contacto con pacientes y familiares.
- Perfeccionamiento de las desarrolladas en los años precedentes.

c) Habilidades técnicas:

- Mantener y perfeccionar las adquiridas en los años precedentes.

d) Desarrollo personal y profesional:

- Planificar de forma adecuada la propia trayectoria profesional incluyendo la futura dedicación a áreas específicas de Aparato Digestivo.
- Ser capaz de participar activamente en proyectos de investigación financiados y en proyectos coordinados (redes de investigación).
- Ser capaz de participar activamente en grupos de trabajo relacionados con la especialidad.

2. ÁREAS DE ACTUACIÓN:

Hacerse cargo de camas de hospitalización de Aparato Digestivo con supervisión sólo a demanda.

Realizar funciones de consultoría en servicios quirúrgicos.

Realizará al menos 1 sesión clínica de servicio y/o hospitalaria y

	GUIA O ITINERARIO FORMATIVO DE RESIDENTES	Anexo 7
EDICIÓN : 1		FECHA ELABORACIÓN:

formará a los residentes de 2º año en la realización de comunicaciones a congresos. Deberá intentar publicar al menos un artículo original en este tiempo, siendo deseable que dicho estudio sea la Tesis Doctoral del residente, y se aconseja que la lea antes de finalizar la residencia.
En estos seis meses presentará al menos un trabajo en un
congreso nacional o internacional de realización propia, supervisando los que realicen los residentes de primer y segundo año.

.1. Rotaciones externas
NORMATIVA:

ESTATUTO DEL RESIDENTE, BOE 1146/2006 (7 Octubre)

Artículo 8. *Rotaciones.*
1. Se considerarán rotaciones externas los periodos formativos en centros no previstos en el programa de formación ni en la acreditación otorgada al centro o unidad docente en los que se desarrolla. Los residentes podrán realizar rotaciones externas siempre que se cumplan los siguientes requisitos:

a) Que la rotación externa sea propuesta y autorizada por los órganos competentes, especificando los objetivos que se pretenden, que deben referirse a la ampliación de conocimientos o al aprendizaje de técnicas no practicadas en el centro y que, según el programa de formación, son necesarias o complementarias a éste.
b) Que se realicen preferentemente en centros acreditados para la docencia o en centros nacionales o extranjeros de reconocido prestigio.
c) Que no superen los cuatro meses continuados dentro de cada período de evaluación anual.
d) Que la gerencia del centro de origen se comprometa expresamente a continuar abonando al residente la totalidad de sus retribuciones, incluidas las derivadas de la atención continuada que realice durante la rotación externa.

	GUIA O ITINERARIO FORMATIVO DE RESIDENTES	Anexo 7
EDICIÓN : 1		FECHA ELABORACIÓN:

2. Las rotaciones externas darán derecho a gastos de viaje, conforme a las normas y acuerdos que resulten de aplicación a las entidades titulares de la correspondiente unidad docente.

3. Cada rotación externa figurará, debidamente visada, en el libro del especialista en formación, y el centro o unidad donde se haya realizado emitirá el correspondiente informe de evaluación.

4. Las rotaciones por centros que estén previstas en el programa de formación o en la acreditación otorgada al centro o unidad docente en el que se desarrolla serán internas y no conllevarán derecho económico alguno.

ESTATUTO DOCENTE, BOE 183/2008 (21 Febrero)

Artículo 21. *Rotaciones externas, su autorización y evaluación.*

1. Se consideran rotaciones externas los períodos formativos, autorizados por el órgano competente de la correspondiente comunidad autónoma, que se lleven a cabo en centros o dispositivos no previstos en el programa de formación ni en la acreditación otorgada al centro o unidad docente.

2. La autorización de rotaciones externas requerirá el cumplimiento de los siguientes requisitos:

a) Ser propuestas por el tutor a la comisión de docencia con especificación de los objetivos que se pretenden, que deben referirse a la ampliación de conocimientos o al aprendizaje de técnicas no practicadas en el centro o unidad y que, según el programa de formación, son necesarias o complementarias del mismo.

	GUIA O ITINERARIO FORMATIVO DE RESIDENTES	Anexo 7
EDICIÓN : 1		FECHA ELABORACIÓN:

b) Que se realicen preferentemente en centros acreditados para la docencia o en centros nacionales o extranjeros de reconocido prestigio.

c) En las especialidades cuya duración sea de cuatro o más años no podrá superar los cuatro meses continuados dentro de cada periodo de evaluación anual, ni 12 meses en el conjunto del periodo formativo de la especialidad de que se trate. En las especialidades cuya duración sea de uno, dos o tres años, el periodo de rotación no podrá superar los dos, cuatro o siete meses respectivamente, en el conjunto del periodo formativo de la especialidad de que se trate.

d) Que la gerencia del centro de origen se comprometa expresamente a continuar abonando al residente la totalidad de sus retribuciones, incluidas las derivadas de la atención continuada que realice durante la rotación externa.

e) Que la comisión de docencia de destino manifieste expresamente su conformidad, a cuyos efectos se tendrán en cuenta las posibilidades docentes del dispositivo donde se realice la rotación.

3. El centro donde se haya realizado la rotación externa emitirá el correspondiente informe de evaluación siguiendo los mismos parámetros que en las rotaciones internas previstas en el programa formativo, siendo responsabilidad del residente el traslado de dicho informe a la secretaría de la comisión de docencia de origen para su evaluación en tiempo y forma. Las rotaciones externas autorizadas y evaluadas conforme a lo previsto en este artículo, además de tenerse en cuenta en la evaluación formativa y anual, se inscribirán en el libro del residente y darán derecho a la percepción de gastos de viaje de acuerdo con las normas que resulten de aplicación a las entidades titulares de la correspondiente unidad docente.

	GUIA O ITINERARIO FORMATIVO DE RESIDENTES	Anexo 7
EDICIÓN : 1		FECHA ELABORACIÓN:

Debes atenerte a las siguientes normas:

1.- La duración de la Rotación Externa será, en condiciones normales, de 3 meses. Sólo en casos excepcionales, y debidamente justificados, podrá ser de 4 meses.

2.- Debe programarse con bastante antelación, preferiblemente de R2, a fin de no tener problemas de fecha con el Servicio receptor.

3.- Deben realizarse en un Servicio que aporte formación en un área o para la realización de una técnica que no estén presentes en nuestro Hospital, o bien para la participación en un grupo de investigación muy concreto que suponga formación científica, metodológica y mejora curricular del residente. En ningún caso la elección de la rotación se realizará en base a motivos geográficos o de otra índole.

4.- El Residente aportará previamente un documento QUE EXPLIQUE DETALLADAMENTE los Objetivos de su rotación y la Justificación del lugar escogido. Este documento será consensuado con el tutor, y supervisado por el jefe de Servicio, antes de presentarlo al jefe de Estudios.

5.- Se solicitan a través del Portal EIR. Debes consultar cómo se realiza con la Secretaría de la Jefatura de Estudios.

6.- A su regreso el residente debe aportar una breve memoria de su rotación, con los objetivos logrados, áreas de mejora, nivel de supervisión y puntuación global de dicha rotación. Dicha memoria la deberá exponer en una sesión con los tutores y resto de residentes.

5. GUARDIAS

Con carácter general las guardias tienen carácter formativo aconsejándose realizar entre cuatro y seis mensuales. Con carácter preferente, se realizarán guardias en Medicina Interna con un nivel de responsabilidad 1, 2 ó 3, según

	GUIA O ITINERARIO FORMATIVO DE RESIDENTES	Anexo 7
EDICIÓN : 1		FECHA ELABORACIÓN:

las características del residente y año de formación. Si la unidad docente contara con guardias de digestivo (*), éstas se realizarán en esta unidad a partir del segundo año, si no fuera así, se efectuarán en el servicio de medicina interna. A partir de la rotación por las Unidades Especiales (Sangrantes, Transplantes, o similares), si el Servicio dispusiera de estas, y hasta el final de la residencia se realizarán guardias en este área, reduciendo las guardias en medicina interna o en digestivo.

Los Hospitales que no cuenten con guardias de digestivo ni con unidades especiales, podrán llegar a acuerdos con las gerencias de otros hospitales de la misma Comunidad Autónoma para que los residentes puedan realizar algunas guardias en tales centros.

GUARDIAS R1

4 guardias mensuales en Puerta y 2 extras posibles en Puerta.

Desde Octubre, tras periodo mochila o de supervisión completa, puesto finalista con supervisión.

GUARDIAS R2

4 guardias de puerta, con un máximo de 6 guardias.

Últimos 6 meses al menos 5 guardias de Observación.

GUARDIAS R3

Hasta Octubre igual que R2.

Después: 2 guardias en Observación y 2 Planta MI.

Extras en Puerta y/o Emergencias.

GUARDIAS R4

Hasta octubre igual que R3.

1 guardias Observación y 3 en Planta de Medicina Interna.

	GUIA O ITINERARIO FORMATIVO DE RESIDENTES	Anexo 7
EDICIÓN : 1		FECHA ELABORACIÓN:

Posibilidad de guardias extras en Puerta y/o Emergencias, dependiendo de las necesidades asistenciales del hospital.

6. SESIONES

1. Sesiones de casos clínicos: suelen tener lugar los lunes o viernes, en las que se presentan los casos más problemáticos que tenemos para que de forma conjunta, se tomen decisiones diagnósticas y terapeúticas consensuadas entre los diferentes miembros del servicio. También se tratan los propuestas de mejora asistencial que puedan ayudar a una mejor logística de los procedimientos.
2. Sesión multidisciplinaria con los Departamentos de Oncología Médica y Colo-proctología (martes): presentamos los casos de cáncer de colorrectal o cirugía coloproctológica (enfermedad inflamatoria intestinal), que puedan ser candidatos a cirugía. Son casos que generalmente proceden de hospitalización, consulta de colon de los martes del hospital y la consulta monográfica de EII del Ambulatorio Virgen de la Cinta de los miércoles y jueves.
3. Sesión bibliográfica o de actualización en patología digestiva: se tratarán todas las semanas de una actualización bibliográfica sobre las patologías más prevalentes o sobre novedades que sean de interés general para la UGC de Aparato Digestivo. Puede ser unicéntrica o multicéntrica (incluyendo a personal del Hospital Infanta Elena).
4. Sesión multidisciplinaria con Servicio de Cirugía General (Tracto digestivo superior y bilio-pancreático) de los jueves. Se presentarán los casos con indicación quirúrgica, que sean distintos de colon.
5. Sesiones anatomoclínica: tendrán lugar un miércoles de cada mes en el Salón de Actos del Hospital y en ella se presentarán casos de patología de cada especialidad. Los ponentes suelen ser un residente de especialidad médico o quirúrgico, con un residente de rayos y un residente o adjunto de Anatomía Patológica.

	GUIA O ITINERARIO FORMATIVO DE RESIDENTES	Anexo 7
EDICIÓN : 1		FECHA ELABORACIÓN:

7. OBJETIVOS DE INVESTIGACIÓN

OBJETIVOS GENERALES

El residente deberá adquirir los conocimientos, habilidades y actitudes necesarias para el desarrollo de investigación clínica de calidad.

OBJETIVOS ESPECÍFICOS

A. Conocer los fundamentos de la metodología de investigación en ciencias de salud.

1) Arquitectura de una investigación en ciencias de la vida: fases de investigación.
2) Conocimiento de los diferentes tipos de investigación: básica, epidemiológica, clínica, de evaluación de servicios. Investigación cuantitativa e investigación cualitativa.
3) Conceptos básicos en investigación: validez y precisión. El error aleatorio y el error sistemático. Mecanismos de control de los sesgos. Factores de confusión.

B. Adquirir competencias necesarias en el uso de las diferentes herramientas para el desarrollo de la investigación clínica.

1) Lectura Crítica de artículos científicos (sesiones bibliográficas)
2) Búsquedas Bibliográficas
3) Manejo de Gestores Bibliográficos Personales (Mendeley, Endnote, Zotero…)
4) Proyectos de Investigación.
5) Epidemiologia Clínica. Medidas de incidencia y prevalencia.
6) Principales diseños de investigación en ciencias de salud.
7) Bioestadística descriptiva e inferencial.

	GUIA O ITINERARIO FORMATIVO DE RESIDENTES	Anexo 7
EDICIÓN : 1		FECHA ELABORACIÓN:

C. Identificar los principios fundamentales de la ética en la investigación clínica.

1) Principios generales de bioética en investigación.
2) Marco legal.
3) Los comités de ética.
4) Consentimiento informado.
5) Conflictos relativos a la investigación y experimentación con seres humanos. Derechos y deberes de los pacientes. Consideraciones legales y éticas de los ensayos clínicos.

D. Conocer los elementos de la organización y gestión de la investigación en ciencias de la salud en nuestro medio. Legislación y financiación. Agencias de financiación y evaluación.

E. Adquirir las competencias para usar la información de la investigación clínica como generadora de evidencia científica aplicable a la práctica asistencial. Herramientas de escritura científica. Presentación de comunicaciones a Reuniones Científicas. Publicaciones Científicas.

F. Favorecer la investigación cooperativa y multidisciplinar. Adhesión a líneas de investigación abierta en el hospital. Participación en Proyectos de Investigación.

G. Promover el interés por la investigación clínica y en resultados de salud. Herramientas del apartado E.

	GUIA O ITINERARIO FORMATIVO DE RESIDENTES	Anexo 7
EDICIÓN : 1		FECHA ELABORACIÓN:

EVALUACIÓN Y DESARROLLO CURRICULAR EN INVESTIGACIÓN

El residente deberá adquirir los conocimientos, habilidades y actitudes para desarrollar una labor en el campo de la investigación clínica de calidad.

Para conseguir un desarrollo curricular adecuado para ejercer estas competencias al finalizar la residencia proponemos un plan de formación específica y participación en actividades científicas.

ACTIVIDADES FORMATIVAS ESPECÍFICAS

1. Cursos obligatorios del PCCEIR, concretamente los módulos III (Investigación, estadística, epidemiología, manejo de bibliografía médica y medicina basada en la evidencia, 20 horas) y IV (Metodología de le investigación, 40 horas).
2. Cursos Complementarios de capacitación en Metodología de la Investigación propuestos por la Unidad Docente, Escuela de Salud Pública y Fundación IAVANTE.

   a. Lectura Crítica de artículos científicos
   b. Epidemiología Clínica
   c. Curso básico de guías de práctica clínica
   d. Uso de paquetes estadísticos
3. Sesiones Bibliográficas mensuales.
4. Periodo de formación del programa de doctorado (60 créditos Master-Programa adaptado.
5. Master en Metodología de la Investigación en Ciencias de Salud de la Universidad de Huelva.
6. Cursos específicos para áreas de especial interés del residente.

	GUIA O ITINERARIO FORMATIVO DE RESIDENTES	Anexo 7
EDICIÓN : 1		FECHA ELABORACIÓN:

ACTIVIDADES DE INVESTIGACIÓN ESPECÍFICAS

1. Adhesión a Líneas de Investigación activas en la Unidad Clínica (Hepatitis virales y enfermedades hepáticas o Enfermedad Inflamatoria Intestinal).
2. Comunicaciones a Reuniones Científicas.
3. Escritura de casos clínicos con revisión bibliográfica
4. Participación colaboradora en Proyectos de Investigación Financiados por Agencias Externas.
5. Realización del proyecto Investigación para obtener la suficiencia investigadora (Proyecto para el doctorado).
6. Inicio de Tesis doctorales
7. Publicaciones científicas (JCR). Coautor de originales.

	GUIA O ITINERARIO FORMATIVO DE RESIDENTES	Anexo 7
EDICIÓN : 1		FECHA ELABORACIÓN:

ORGANIZACIÓN DE ACTIVIDADES FORMATIVAS Y CIENTIFICAS EN LA RESIDENCIA

ACTIVIDAD	R1	R2	R3	R4
Actividades Formativas				
Sesiones Bibliográficas	Participación pasiva	Participación Activa	Participación Activa	Participación Activa
PCCEIR (Módulo III) Estadística y MBE		(O)		
PCCEIR (Módulo IV) Met. Investigación		(O)		
Formación Complementaria Específica Dirigida		1 (A)	1 (O)	1 (O)
Programa de Doctorado			(A)	(A)
Master en Metodología Investigación en Ciencias de Salud				
Actividades de Investigación				
Adhesión a líneas de Investigación Activas	(A)	(O)	(O)	(O)
Comunicaciones a Reuniones Científicas	1 regional (O)	1 regional (O) 1 nacional (O)	2 regional (O) 1 nacional (O)	2 regional (O) 2 nacional (O) 1 internacional (A)
Publicaciones de casos clínicos (Libros de Residentes)	(A)	(O)	(O)	(O)
IC Proyectos Financiados por Agencia Externa (FIS y FPS)		(A)	(O)	(O)
Proyecto Programa de Doctorado				(A)
Publicaciones científicas (JRC)		(A) Carta Director	(O) Carta Director	(A) Original
Iniciar Tesis Doctoral				

(O) Obligatorio; (A) Aconsejable

	GUIA O ITINERARIO FORMATIVO DE RESIDENTES	Anexo 7
EDICIÓN : 1		FECHA ELABORACIÓN:

8. EVALUACIÓN

A. Del Ministerio y la Jefatura de Estudios

El sistema MIR comprende la formación continuada mediante el trabajo con supervisión decreciente y responsabilidad progresiva. La adquisición de competencias se valorará mediante las evaluaciones formativas, anual y final (RD 183/2008, BOE nº 45 21 Febrero 2008).

1. Evaluación formativa:

Es consustancial al carácter progresivo del sistema MIR, ya que efectúa el seguimiento del proceso de aprendizaje del residente.

Comprende:

a. Entrevistas periódicas de tutor y residente
b. Instrumentos que permitan una valoración objetiva del progreso competencial del residente: MiniCEX, exámenes de casos clínicos, revisión de historias clínicas, entrevistas del tutor con responsables de servicios donde haya rotado, etc.
c. Libro del residente/Memoria del residente

2. Evaluación anual

El Comité de Evaluación estará compuesto por el Jefe de Estudios, el Tutor de la Unidad Docente de Aparato Digestivo, el presidente de la subcomisión, un especialista del Centro y un vocal de la Comisión de Docencia designado por la Comunidad Autónoma.

La evaluación calificará los conocimientos, habilidades y actitudes de cada residente al finalizar cada año de formación (alrededor de Mayo).

Se basa, fundamentalmente, en el Informe Anual del Tutor, que contiene:

- Informe de las rotaciones
- Evaluaciones objetivas mediante instrumentos evaluativos

	GUIA O ITINERARIO FORMATIVO DE RESIDENTES	Anexo 7
EDICIÓN : 1		FECHA ELABORACIÓN:

- Participación en cursos, congresos, grupos de investigación.
- Publicaciones, etc.

Puede ser positiva o negativa.

3. Evaluación final

Tiene como objeto verificar que el nivel de competencias adquirido por el residente le permite acceder al título de especialista
Se realizará por el Comité de Evaluación
Puede ser positiva, positiva destacado o negativa

B. Del Servicio

La Unidad de Gestión Clínica de Aparato Digestivo apuesta por una formación progresiva por competencias del residente. Para ello, además de las rotaciones programadas y la adquisición gradual de responsabilidades con ganancia progresiva de autonomía, consustancial al sistema MIR, realizamos una *Evaluación por*

Competencias amplia, formativa -y no sumativa- que nos ayuda a apuntalar distintos conocimientos, habilidades, actitudes y "know-how" en las diferentes áreas competenciales.

A tu llegada al Servicio te entregamos una carpeta -portafolio- donde a lo Largo de los cinco años iremos completando las diferentes Áreas evaluadas (alrededor de 16), con un cronograma de cuándo las iremos evaluando, y otro Cuadro explicativo detallando cada área evaluada.

Apéndice

	GUIA O ITINERARIO FORMATIVO DE RESIDENTES	Anexo 7
EDICIÓN: 1		FECHA ELABORACIÓN:

8.1. EVALUACIÓN FORMTATIVA: HOJA DE ENTREVISTA ESTRUCTURADA

Objetivos Conseguidos

Detallar la relación de los conocimientos y habilidades más útiles que hayas aprendido durante este periodo de rotación. Describe: los conocimientos y habilidades de nueva adquisición, los que has recibido una visión novedosa (basada siempre en bueas prácticas clínicas) o los que su ampliación te ha afianzado en la práctica clínica. No incluir aquellos conocimientos o habilidades que ya estaban consolidados y para los que la rotación no ha sido esencial.

Actividades realizadas mas enriquecedoras para la formación

Detallar

Objetivos que faltan por conseguir

Detallar

Criterios mínimos que faltan para aprobar la rotación

El residente tiene que conocer los criterios mínimos para aprobar la rotación (descritos en el Itinerario Formativo de la Especialidad). Detallar los criterios mínimos que aún no han sido superados.

¿Qué crees que podemos hacer (o puedes hacer) para adquirir los conocimientos y habilidades que te faltan?

SESIONES PRESENTADAS

	GUIA O ITINERARIO FORMATIVO DE RESIDENTES	Anexo 7
EDICIÓN : 1		FECHA ELABORACIÓN:

Otras actividades (publicaciones, comunicaciones a congresos, cursos...)

Aportaciones a la gestioón del servicio y organización de actividades de residentes (colaboración en el planning de guardias, protocolos realizados/revisados...)

Revisión del libro del residente

Problemas e incidencias en el periodo (en rotaciones, guardias, etc.) y posibles soluciones

Observaciones

Cumplimiento de objetivos desde la anterior entrevista

	GUIA O ITINERARIO FORMATIVO DE RESIDENTES	Anexo 7
EDICIÓN : 1		FECHA ELABORACIÓN:

8.2. HOJAS DE EVALUACIÓN POR ROTACIÓN

MINISTERIO DE EDUCACIÓN Y CULTURA
MINISTERIO DE SANIDAD Y CONSUMO

FICHA 1

EVALUACIÓN ROTACIÓN

APELLIDOS Y NOMBRE:		
NACIONALIDAD:	DNI/PASAPORTE:	
CENTRO: HOSPITAL JUAN RAMÓN JIMÉNEZ		
TITULACIÓN:	ESPECIALIDAD:	AÑO RESIDENCIA:

ROTACIÓN/CONTENIDO:	DURACIÓN:
UNIDAD:	CENTRO:
JEFE DE LA UNIDAD ASISTENCIAL:	

EVALUACIÓN CONTINUADA

A.- CONOCIMIENTOS Y HABILIDADES	CALIFICACIÓN
NIVEL DE CONOCIMIENTOS TEÓRICOS ADQUIRIDOS	
NIVEL DE HABILIDADES ADQUIRIDAS	
HABILIDADES EN EL ENFOQUE DIAGNÓSTICO	
CAPACIDAD PARA TOMAR DECISIONES	
UTILIZACIÓN RACIONAL DE RECURSOS	
MEDIA (A)	

B.- ACTITUDES	CALIFICACIÓN
MOTIVACIÓN	
DEDICACIÓN	
INICIATIVA	
PUNTUALIDAD/ASISTENCIA	
NIVEL DE RESPONSABILIDAD	
RELACIONES PACIENTE/FAMILIA	
RELACIONES EQUIPO DE TRABAJO	
MEDIA (B)	

CALIFICACIÓN EVALUACIÓN CONTINUADA (70% A + 30% B)	CALIFICACIÓN (1)	CAUSA E.NEG.(3)
CALIFICACIÓN LIBRO DEL ESPECIALISTA EN FORMACIÓN	CALIFICACIÓN (1)	CAUSA E.NEG.(3)

En_____ a ____ de _____ de 20

	**GUIA O ITINERARIO FORMATIVO DE RESIDENTES**	Anexo 7
EDICIÓN : 1		FECHA ELABORACIÓN:

VISTO BUENO: EL JEFE DE LA UNIDAD   EL TUTOR

Fdo.: _____ Fdo.: _____

EVALUACIÓN ANUAL (FICHA 2)

	GUIA O ITINERARIO FORMATIVO DE RESIDENTES	Anexo 7
EDICIÓN : 1		FECHA ELABORACIÓN:

8.3 HOJA DE EVALUACIÓN FINAL

MINISTERIO DE EDUCACION Y CULTURA
MINISTERIO DE SANIDAD Y CONSUMO

FICHA 2

HOJA DE EVALUACION ANUAL DEL RESIDENTE - EJERCICIO LECTIVO 2011-2012

APELLIDOS Y NOMBRE :					
NACIONALIDAD:		DNI/PASAPORTE :			
CENTRO:					
TITULACION:	ESPECIALIDAD:			AÑO RESIDENCIA:	
PERMANENCIA EN EL CENTRO					
VACACIONES REGLAMENTARIAS:					
PERIODOS DE BAJA:					

ROTACIONES

CONTENIDO	UNIDAD	CENTRO	DURACION	CALIFICACION (1)	CAUSA E. NEG. (3)
	MEDIA				

ACTIVIDADES COMPLEMENTARIAS

CONTENIDO	TIPO DE ACTIVIDAD	DURACION	CALIFICACION (2)	CAUSA E. NEG. (3)

INFORMES JEFES ASISTENCIALES

CALIFICACION (2)	CAUSA E. NEG. (3)

CALIFICACION EVALUACION ANUAL MEDIA ROTACIONES+A.C. (SI PROCEDE)+INF. (SI	
CAUSA DE EVALUACION NEGATIVA	

En Huelva a 11 de Mayo de 2012

Sello de la Institución

EL JEFE DE ESTUDIOS

Fdo : Antonio Pereira Vega

	GUIA O ITINERARIO FORMATIVO DE RESIDENTES	Anexo 7
EDICIÓN : 1		FECHA ELABORACIÓN:

Anexo 16 (Continuación)

16 B. INFORME ANUAL DEL TUTOR

(Junto con la hoja de evaluación anual del residente (16A), adjunte la siguiente documentación para su estudio por el comité de Evaluación)

1. LOS INFORMES DE EVALUACIÓN FORMATIVA FIRMADOS POR TUTOR Y RESIDENTE (REGISTRO DE ENTREVISTAS REALIZADAS).
   Observaciones

2. INFORMES DE EVALUACIÓN DE ROTACIONES INTERNAS/EXTERNAS
   Observaciones

3. LIBRO DEL RESIDENTE
   Observaciones

4. INFORMES REQUERIDOS DE JEFES ASISTENCIALES
   Observaciones

En _____, a _____ de _____ de 20

EL TUTOR/A PRINCIPAL Fdo.

	GUIA O ITINERARIO FORMATIVO DE RESIDENTES	Anexo 7
EDICIÓN : 1		FECHA ELABORACIÓN:

9. BIBLIOGRAFIA RECOMENDADA

Se recomienda que dispongas del siguiente material bibliográfico para consultas y estudio en nuestra especialidad:

1. Tratado de Gastroenterología y Hepatología Sleinseger and Fordtrand. Última edición.
2. Pubmed.
3. Up to date.
4. Revista Española de Enfermedades Digestivas.
5. Revista Gastroenterología y Hepatología.
6. Tratado de Medicina Interna Harrison.
7. Biblioteca Virtual del SSPA.
8. Tratado de Endoscopia Digestiva (Cotton).
9. Tratado de ecografía abdomen (Segura Cabral).

10. PLAN INDIVIDUALIZADO DE FORMACIÓN

	GUIA O ITINERARIO FORMATIVO DE RESIDENTES	Anexo 7
EDICIÓN : 1		FECHA ELABORACIÓN:

PLANTILLA RESUMEN PLAN DE ACTIVIDADES ESTÁNDARD DE LOS RESIDENTES DE LA UNIDAD EN EL PERÍODO DE RESIDENCIA

AÑO DE RESIDENCIA	COMPETENCIAS A ADQUIRIR "El residente al final de su periodo de formación será capaz de ......".			ESCENARIO DE APRENDIZAJE	RESPONSABLE DOCENTE	METODOLOGÍA DE EVALUACIÓN	NIVEL DE SUPERVISIÓN
	CONOCIMIENTO	HABILIDADES	ACTITUDES				

F.M. Jiménez

	GUIA O ITINERARIO FORMATIVO DE RESIDENTES	Anexo 7
EDICIÓN : 1		FECHA ELABORACIÓN:

PLAN INDIVIDUALIZADO DE ROTACIONES DE LOS RESIDENTES DE (www.portaleir.es)

Residente   promoción

Período	Unidad/servicio/actividad formativa	Objetivos de aprendizaje	Colaborador docente	Evaluación	Entrevistas tutor-residente
Mayo					
Junio					
Julio					
Agosto					
Septiembre					
Octubre					
Noviembre					
Diciembre					
Enero					
Febrero					
Marzo					
Abril					

	GUIA O ITINERARIO FORMATIVO DE RESIDENTES	Anexo 7
EDICIÓN : 1		FECHA ELABORACIÓN:

PERÍODO DE RECUPERACIÓN

Período	Unidad/servicio/actividad formativa	Objetivos de aprendizaje	Colaborador docente	Evaluación	Entrevistas tutor-residente
Mayo					
Junio					
Julio					
Agosto					

Nombre del tutor/a

Objetivos de Investigación

Objetivos de formación

Realizar los Módulos   del PCCEIR

Otros

Guía o itinerario de residentes de Aparato Digestivo.

Notas

Notas

Referencias

1. Guía de formación de especialistas de Aparato Digestivo (Resolución de 25 de Abril de 1996).
2. Orden SCO/581/2008 (BOE 5 Marzo: criterios sobre funciones de las Comisiones de Docencia, Jefe de Estudios de formación especializada y nombramiento de tutor).
3. Instrucción nº 1/2005, de 31 de Julio, de la Dirección General de Calidad, Investigación y Gestión del Conocimiento, sobre el Sistema de Autorización de Tutores de los especialistas sanitarios.
4. Real Decreto 1146/2006, de 6 de Octubre: Regulación laboral especial de residencia para la formación de especialistas sanitarios (BOE 7 octubre 2006).
5. Acuerdo de 31 de Julio de 2007 para la mejora de las condiciones de trabajo durante el periodo de residencia (BOJA 8 Agosto 2007).
6. Instrucción nº 3/2007 por la que se regula la gestión del Programa Común Complementario de especialistas en formación en ciencias de la salud en Andalucia (PCCEIR).
7. Ley 44/2003, de 21 de noviembre, de Ordenación de las Profesiones Sanitarias.
8. Ley 2/1998, de 15 de Junio, de Salud de Andalucia.
9. Instrucción 1/2008 de la Dirección General de Calidad, Investigación y Gestión del Conocimiento, que define el ámbito de actuación de la plataforma PORTALEIR.

10. Real Decreto 183/2008, de 8 de febrero, por la que se clasifican las especialidades en Ciencias de la Salud (BOE 21 de Febrero 2008).
11. Orden SAS/2854/2009, de 9 de octubre, por la que se aprueba el programa formativo de la especialidad de Aparato Digestivo (BOE 26 de octubre 2009).
12. Instrucción 1/2006, de 30 de octubre, de la Dirección General de Calidad, Investigación y Gestión del Conocimiento, por el que se establece el sistema de rotaciones en el Ámbito asistencial de la Medicina Familiar y Comunitaria.
13. Decreto-ley 1/2012, de 19 de Junio, de medidas Fiscales, Administrativas, Laborales y en materia de Hacienda Pública para el reequilibrio económico-financiero de la Junta de Andalucia (BOJA 22 de Junio 2012).

www.ingramcontent.com/pod-product-compliance
Lightning Source LLC
Chambersburg PA
CBHW072214170526
45158CB00002BA/593